京津冀区域生态环境协同治理进展评估报告

蒋洪强　胡　溪　张　伟　张　静　姜　玲　曾贤刚　等　著

中国环境出版集团·北京

图书在版编目（CIP）数据

京津冀区域生态环境协同治理进展评估报告/蒋洪强
等著. —北京：中国环境出版集团，2021.6
　　ISBN 978-7-5111-4741-7

　　Ⅰ．①京…　Ⅱ．①蒋…　Ⅲ．①区域生态环境—环
境综合整治—研究报告—华北地区　Ⅳ．①X321.22

　　中国版本图书馆 CIP 数据核字（2021）第 106432 号

出 版 人　武德凯
责任编辑　葛　莉
文字编辑　史雯雅
责任校对　任　丽
封面设计　宋　瑞

出版发行　**中国环境出版集团**
　　　　　（100062　北京市东城区广渠门内大街 16 号）
　　　　　网　　址：http://www.cesp.com.cn
　　　　　电子邮箱：bjgl@cesp.com.cn
　　　　　联系电话：010-67112765（编辑管理部）
　　　　　发行热线：010-67125803，010-67113405（传真）
印　　刷　北京建宏印刷有限公司
经　　销　各地新华书店
版　　次　2021 年 6 月第 1 版
印　　次　2021 年 6 月第 1 次印刷
开　　本　787×1092　1/16
印　　张　9.75
字　　数　200 千字
定　　价　49.00 元

中国环境出版集团郑重承诺：
中国环境出版集团合作的印刷单位、材料单位均具有中国环境标志产品认证；
中国环境出版集团所有图书"禁塑"。

前　言

　　2014 年 2 月 26 日，习近平总书记在北京主持召开座谈会，专题听取京津冀协同发展汇报，强调实现京津冀协同发展是一个重大国家战略，要坚持优势互补、互利共赢、扎实推进，加快走出一条科学持续的协同发展道路。这体现了党中央对京津冀区域发展的高度重视，"重大国家战略"的提法首次在区域经济发展规划领域出现，使京津冀区域迎来了发展的新纪元。随着经济社会的发展，京津冀区域的生态环境特征正在发生重要转变，区域性、复合型、压缩型环境问题日益凸显，京津冀是我国人与自然环境关系最为紧张、资源环境超载矛盾最为尖锐的区域。水资源严重短缺，地下水严重超采；区域大气污染问题依然非常突出，秋冬季雾霾天气高发、频发；湿地大幅萎缩，水土流失严重，沙尘天气时有出现。同时，京津冀三地经济发展处于不同阶段，发展水平悬殊。北京处于工业化后期，面临疏解非首都功能、新旧动能发展转换的挑战；天津处于工业化中后期，经济转型升级任务异常繁重；河北人均地区生产总值与北京、天津差距较大，经济发展方式粗放，产业结构单一、偏重问题明显，发展与保护矛盾十分尖锐。

　　本报告在实地调研、资料收集分析、深入研究的基础上，总结了京津冀协同发展战略实施以来生态环境协同治理的经验，评估了主要协同治理政策的效果，提出未来区域生态环境协同治理进一步改革创新的建议。报告共分为 6 章，第 1 章从自然本底、产业、空间、能源、交通、水资源、水环境、大气环境、生态系统、体制机制等 10 个方面分析了京津冀区域面临的生态环境压力与挑战；第 2 章从顶层设计实施、绿色发展、大气污染防治、水污染防治、土壤污染防治、生态保护与修复、督察执法、能力建设、体制机制、雄安新区生态环境治理等 10 个方面总结了京津冀区域生态环境治理的进展和取得的成效；第 3 章到第 5 章为专题研究，对京津冀区域生态环境治理进行了政策量化评估、费效分析，对区域大气污染治理成本与投入公平问题进行了研究；第 6 章提出了强化区域生态环境协同治理的政治责任，谋划京津冀区域生态环境协同治理战略思路，绘制京津冀区域生态环境协同治理和综合调控路线图，落实"三线一单"的管控制度要求，推进产业结构和交通结构调整，细化污染防治攻坚战的目标、重点任务和措施，深化区域协同发展的体制机制和政策制度创新等建议。本报告的出版得到中国工程院重点咨询项目"京津冀生态环境一体化保护与综合治理对策研究"（2018-ZD06）和国家重点研发项目"大气污染区域联防联控制度和管理技术体系研究"（2018YFC0213601）的经费支持。

本报告由生态环境部环境规划院京津冀区域生态环境研究中心、生态环境规划与政策模拟技术中心、国家环境规划与政策模拟重点实验室以及中央财经大学、中国人民大学等单位合作完成。蒋洪强研究员和张伟副研究员负责本报告的总体框架设计与统稿。第 1 章由张伟、张静、吴文俊、段扬、卢亚灵、李勃等执笔；第 2 章由胡溪、刘年磊、程曦等执笔；第 3 章由姜玲、李牧耘执笔；第 4 章由蒋洪强、张静、胡溪、张伟、周佳、马国霞、王彦超、卢亚灵、刘苗苗、王克等执笔；第 5 章由张伟、姜玲执笔；第 6 章由蒋洪强、张伟、胡溪等执笔。感谢生态环境部综合司、大气司等有关司局的支持，感谢北京市环境科学研究院、天津市环境规划院、河北省环境科学研究院的支持。感谢生态环境部环境规划院陆军研究员、王金南研究员的支持。中国环境出版集团为本书的出版付出了大量心血。生态环境部环境规划院模拟技术中心同事刘洁、杨勇、武跃文等在工作中给予了帮助。在此，对关心和支持研究报告出版的各位领导、专家和研究人员表示衷心感谢。由于作者水平有限，书中不足与疏漏难免，恳请读者批评指正。

作　者

2020 年 4 月 23 日

执行摘要

京津冀协同发展是党中央、国务院在新的历史条件下作出的重大国家战略部署，具有重大现实意义和深远历史意义。加强生态环境保护是推动京津冀协同发展的重要基础和重点任务，是实现京津冀区域可持续发展的重要支撑，也是提升京津冀三地民生福祉的最直接体现。2014 年 2 月，习近平总书记在听取京津冀协同发展专题汇报时强调，实现京津冀协同发展，必须着力扩大环境容量和生态空间，加强生态环境保护合作。近年来，生态环境部与国家有关部门、3 个地方政府按照党中央、国务院关于京津冀协同发展的部署，在生态环境保护方面开展了一系列工作，取得积极成效。

1 京津冀生态环境协同治理取得积极进展

1.1 区域生态环境保护顶层设计基本形成

2015 年 5 月，党中央、国务院印发《京津冀协同发展规划纲要》，纲要指出，在京津冀交通一体化、生态环境保护、产业升级转移等重点领域要率先取得突破。2015 年 12 月，国家发展改革委和环境保护部共同编制印发《京津冀协同发展生态环境保护规划》，划定京津冀区域资源、环境、生态三大红线，确定了生态环保重点任务和重大工程项目，明确体制机制改革的重点领域，为京津冀协同发展在生态环保方面率先突破指明了方向。2013 年 9 月以来，国务院陆续发布的《大气污染防治行动计划》《水污染防治行动计划》《土壤污染防治行动计划》（以下简称"三个十条"）以及《打赢蓝天保卫战三年行动计划》（以下简称《蓝天行动》），均将京津冀作为重点区域和主战场，京津冀区域生态环境治理顶层方案全面形成。北京市、天津市、河北省深入对接《京津冀协同发展规划纲要》等国家方案，陆续出台了"十三五"生态环境保护规划以及落实"三个十条"的行动计划或工作方案，基本形成"自上而下、共同协作"的污染防治格局。

1.2 区域生态环境协作机制逐步建立健全

深入开展区域联防联控。全面落实《京津冀区域环境保护率先突破合作框架协议》，以大气、水、土壤的污染防治为重点，建立健全合作机制，加强区域协作。经党中央、国务院同意，京津冀及周边地区大气污染防治协作小组"升格"为京津冀及周边地区大气污染防治领导小组，设立京津冀及周边地区大气环境管理局，统筹推进区域大气污染联防联控。建立大气污染治理"2+4"帮扶机制，北京市与保定市、廊坊市，天津市与唐山市、沧州市分别签订大气污染联防联控合作协议书，目标同向、措施同步，共同为大气污染防治工作发力。建立京津冀及周边地区水污染防治协作机制，按照"责任共担、信息共享、协商统筹、联动协作"原则，在做好各自行政区域内水污染防治工作基础上，开展区域、流域协作，形成工作合力。京津冀3省（市）环境执法联动工作机制进一步深化，针对各类违法排污、夏秋季秸秆焚烧、燃煤及油品质量不达标等问题，联合开展区域执法和督导检查，严厉打击各类环境违法违规行为。

推动实施流域横向生态补偿机制。津冀两省（市）签署《关于引滦入津上下游横向生态补偿的协议》，共同实施引滦入津沿线污染治理。京冀两省（市）签署《密云水库上下游潮白河流域水源涵养的横向生态保护补偿协议》。指导京冀两省（市）联合编制《潮河流域生态环境保护综合规划》，积极推进北京市、河北省建立潮白河流域以及官厅水库上游永定河流域横向生态补偿机制；协调推进天津市、河北省研究签订引滦入津上下游横向补偿第二轮协议。

实施区域重大科技攻关机制。开展国家科技支撑计划项目"区域大气污染联防联控支撑技术研发及应用"的研究，确定京津冀为主要研究区域。启动实施大气重污染成因与治理攻关项目，组建了国家大气污染防治攻关联合中心，成立28个"一市一策"驻点跟踪研究工作组。部署水体污染控制与治理科技重大专项，重点围绕永定河廊道生态基流恢复、北运河生态廊道构建、白洋淀—大清河生态功能恢复开展科学研究与工程示范。

1.3　京津冀区域生态环境治理现代化水平大幅提升

生态环境监测能力得到提升。京津冀国控空气自动监测站和京津冀及周边大气污染传输通道"2+26"城市空气自动监测站均与中国环境监测总站实现数据联网，为空气质量预报预警、重污染天气应对等提供更充足有力的数据支撑。构建了科学合理的流域水环境监测体系，优化布设了跨界河流监测断面，建立了共同采样、数据交换与共享的联合监测机制。

全力开展中央生态环境保护督察。在河北省率先开展中央生态环境保护督察试点，完成对北京市、天津市的中央生态环保督察工作，有力落实生态环境保护"党政同责""一岗双责"，推动解决了一批群众反映强烈的突出环境问题。在中央生态环境保护督察带动和影响下，三省（市）印发生态环境保护督查方案，开展本省（市）级生态环保督查，初步形成中央、省（市）两级生态环境保护督查格局。

深入开展专项环境保护执法督查。2013 年以来，每年组织开展京津冀及周边地区秋冬季大气污染防治专项督查和重污染天气应急督查，严厉查处环境违法行为。原环境保护部与原河北省环保厅成立雄安新区驻点督查组，以防范环境问题引发社会风险为重点，加强对雄安新区环境保护工作落实情况督查，重点加强对白洋淀及周边地区的环境监管，严厉打击违法排污问题。

积极创新环境监管执法手段。加强在线监控系统建设，京津冀及周边"2+26"城市辖区内 1 532 家高架源企业的 2 945 个监控点已全部安装自动监控设备，并与生态环境部门联网。通过重点污染源自动监控系统平台，实现对异常数据企业的直接督办，督促地方生态环境部门及企业查找数据异常原因，及时制止超标排放行为。开展"热点网格"精细化执法，利用卫星遥感大数据反演技术，划分"3km×3km"网格，计算每个网格内的大气污染物浓度平均值，对污染较重的热点网格开展全面排查和动态管理，实施精准打击。

2　京津冀生态环境协同治理仍面临诸多困难

京津冀协同发展中的生态环境保护工作虽取得显著成效，但与中央要求、群众期盼相比还有明显差距，特别是在政策和体制机制方面还需要下大力气进一步改革完善。

2.1　环境保护形势依然十分严峻，京津冀仍然是实现"美丽中国"环境质量全面好转的最短板区域

在大气污染防治方面，京津冀区域仍是全国空气质量最差的区域，2018 年 $PM_{2.5}$ 年均质量浓度为 60 μg/m³。2019 年上半年，全国 337 个地级及以上城市空气质量相对较差的后 10 位城市中，京津冀区域占 4 席（邢台、石家庄、邯郸、保定）。在跨省（市）交界处以及省属飞地大气污染防治工作方面仍存在明显短板，秸秆露天焚烧、劣质煤跨界销售等情况时有发生。对京津冀区域 2004—2016 年大气环境承载力监测预警景气指数的分析表明，大气环境容量仍在超载的边缘徘徊，尤其是河北省大气环境质量仍然没有呈现显著的好转趋势，甚至有进一步恶化的可能。

在水污染防治方面，京津冀区域仍然是全国地表水环境超载问题最为尖锐的区域。海河流域资源型缺水和污染性缺水并存，生态用水严重匮乏，河流水体流动性差、自净能力弱，水生态系统十分脆弱。2018 年，京津冀区域地表水环境质量国控监测断面共 119 个，其中水环境质量达到或优于Ⅲ类的水体断面的比例为 50.4%，劣Ⅴ类水体断面比例为 16.8%。

2.2 "能源、产业、运输、用地"四大结构优化调整难度大

天津市和河北省能源结构、产业结构均偏向重工业。以天津市钢铁行业为例,粗钢产能为 2 589 万 t,体量大,近年来受国内外钢铁市场影响,钢铁产量增幅较为明显,钢铁行业是天津市主要的污染排放产业,对天津市一次 $PM_{2.5}$ 排放总量的贡献率为 15%,且总体污染防治和管理水平都不高,改造意愿不强,大气污染物排放控制难度大。钢铁行业存在退出不及时、超低排放改造进度较慢等现象,在重污染天气预警期间无法做到及时应对,$PM_{2.5}$ 浓度居高不下。

京津冀区域产业结构仍以电力、钢铁、化工、建材等为主,能源消费结构以化石能源特别是煤炭为主,清洁能源消费比重低。河北省煤炭消费占比超过 70%,消费总量占全国煤炭消费总量的 10%,单位 GDP 能源消耗远高于北京市、天津市及全国平均水平。散煤仍是区域内影响较大的污染来源。2018 年民用散煤占京津冀煤炭消费总量的 7%,但贡献了区域内 34% 的黑炭、32% 的有机碳、22% 的二氧化硫(SO_2)、10% 的 $PM_{2.5}$。散煤"双替代"存在补贴不持续、使用成本高、财政支撑不足等问题,农村散煤"复燃"防控压力大,散煤"双替代"工作成为欠发达城市的"烫手山芋"。

河北省钢铁产业结构与布局造成巨大污染减排压力与交通环境问题。钢铁产能过于集中在唐山、邯郸两个城市(约占 70%),环渤海地区钢铁产能有近 4 亿 t,对大气环境造成巨大压力。此外,50% 以上产品外销对河北省曹妃甸等地区的公路交通环境造成了巨大压力。"公转铁"、超标重型柴油车管理方面仍存在诸多难题。

2.3 区域大气污染治理难度逐渐加大,市场化政策仍是短板

由于煤炭消费强度高,京津冀区域单位国土面积承载了巨大的污染物排放压力,虽然近年来京津冀区域主要大气污染物排放量逐年下降,但其下降速度低于全国平均下降速度。京津冀区域单位 GDP 的 SO_2、氮氧化物(NO_x)和烟(粉)尘排放量分别是全国平均排放水平的 0.8 倍、1.0 倍和 1.3 倍,但河北省单位 GDP 的 SO_2、NO_x 和烟(粉)尘排放量分别是全国平均排放水平的 1.7 倍、1.9 倍和 2.9 倍。污染物排放总量大、排放区域集中,工业源大气污染物排放主要集中在唐山市、天津市、邯郸市和石家庄市,占整个京津冀区域 SO_2 和 NO_x 排放总量的比重均超过 60%。产业结构偏重、能源结构偏煤、运输结构偏公路的现状未得到根本改变。随着产业结构、能源结构的调整和大气治理的不断深入,大气污染源结构发生了较大的变化,污染主体已由大中型污染源向移动源、生活源转变,大气污染点多、量大、面广,加上散烧煤煤质达标情况并不理想,监管难度大,导致治理难度加大。

目前,我国污染治理的政策机制模式是由国务院和生态环境部主导、各级地方政府

作为地区的责任主体的"单中心"模式，政策多为强制性政策，由中央政府制定总目标再由地方政府层层分解。可以观察到省域的文件大多依据中央政府指令出台，工作重点与具体措施都较为一致，政府多采取行政手段处理从产业、能源到社会的一切事务，市场化机制的探索依然不够。

目前在京津冀区域大气污染防治措施中市场化机制与经济激励政策较少，已有经济政策存在落地难的问题。如老旧机动车淘汰补贴偏低，车主提前淘汰意愿不强。还有一些政策因地方配套不足，未达到预期成效。如"清洁取暖"政策补贴不足，部分列入试点的城市的地方配套措施不足，用户清洁取暖费用较高，未列入试点的城市缺乏中央财政补贴，地方补贴标准较低，"双替代"工作推动较慢。还有一些企业反映，安装了比较好的污染治理设施，达到了国家和地方环境管理要求，但缺乏鼓励举措。

2.4　科学精准治污能力不足，体制机制障碍仍未得到根本性解决

"一亩三分地"固化思维仍然没有彻底打破。京津冀三地经济发展水平差距大，受政治地位、财税体制、政绩考核等因素影响，环境保护的动力各不相同。三地尚未挣脱"现有行政区"掣肘，区域层面的环境与发展综合决策机制尚未形成，城乡布局与产业发展缺乏整体统筹设计，产业准入、污染物排放标准、环保执法力度、污染治理水平存在差异，环境管理协调不足、缺乏联动。各自生态环保的权利、责任界定不清晰，缺乏利益协调、合作共赢的生态补偿制度保障，难以真正形成生态环境协同保护的利益平衡。

缺少联防联控法律法规，相关制度保障性较弱。目前国家层面的法律法规，包括《大气污染防治行动计划》《中华人民共和国大气污染防治法》《中华人民共和国水污染防治法》等都只是涉及污染治理。部门章程虽然相对丰富但其内容中制度性的"软约束"多于对违法惩处的"硬约束"，约束力不强，同时对于联防联控制度也是一笔带过，例如，关于区域能源结构调整、会议会商结果等的内容都未纳入政府法律法规，对跨区域执法的相关要求也并未有详细具体的法律规定，导致跨区域治理执法系统的权威性受到质疑。同时总法规与下属的产业、能源、部门等方面的法律衔接性较差。

区域产业转移的污染防控机制需进一步完善。京津冀区域将北京市、天津市的"双高"产业向河北省转移，导致了污染随之扩散。同时各地区缺乏对转移中存在的很多附属问题和风险的关注，例如，对于产业转移过程中可能发生的污染风险缺乏合作控制机制，只有部分地区出台相关法律监管措施，但也只是规定了本地范围内的过程监管，未和转移目标地完成政策衔接。

过度依赖目标导向的污染防治路径。京津冀区域一直把污染的排放总量和强度控制作为地区治理污染的重要指标和目标，鼓励各级政府制定明确的排放指标，这种"压力型"

手段会导致政府为了政绩过分关注质量指标数值的提高，例如，地方公报中经常出现提前完成减排目标等报道，但视区域的管理机制和保障机制为辅助手段，导致本末倒置。

跨区域污染协作治理平台缺失。当前，为解决治理的协调困境，京津冀区域各地方政府一般采取联席会议的方式达成一致性意见。这种联席会议实质上是一种松散的联盟，不具备权威性和统筹性，各地方政府在跨区域污染协作治理中，容易产生意愿和动力不足的情况，导致执行力弱。管理体制不科学、地方政府之间存在竞争、环境执法有效性不足、治理主体之间权利与信息不对称是跨行政区污染协同治理的最大障碍。

2.5 区域内部三地经济收益与污染治理负担严重错位，缺乏利益协调、合作共赢的生态补偿制度

京津冀三地经济发展水平差距大，受政治地位、财税体制、政绩考核等因素影响，生态环境保护的动力各不相同，三地尚未挣脱"现有行政区"掣肘。以大气为例，在京津冀及周边区域，省际存在密切的大气污染跨界传输和经济产业的互补关系，在治理北京地区的产品消费所需的大气污染完全成本中，北京市仅承担了 9%，而剩下的 91%由其他省份承担，北京市将本该由自身承担的大气污染治理成本转嫁到周边落后省份。在经济发展压力较大的情况下，河北、山西等省份在大气环境治理中往往"心有余而力不足"，无法持续稳定投入资金，影响区域整体联防联控效果。因此，缺乏利益协调、合作共赢的生态补偿制度保障，使得京津冀区域难以真正达到生态环境协同保护的利益平衡。

3 加快推进京津冀生态环境协同治理体系与治理能力现代化的政策建议

近年来，京津冀区域生态环境质量得到显著改善，制度政策得到进一步完善。但与中央的要求、群众的期盼相比还有明显差距，特别是在体制机制方面还需要进一步深化改革。基于实地调研、部门座谈、科学研究，从创新体制机制与政策制度出发，提出以下建议。

3.1 牢固树立新发展理念，强化京津冀区域生态环境协同治理的政治责任

旗帜鲜明讲政治，牢固树立"四个意识"。以习近平同志为核心的党中央，为京津冀协同发展擘画了清晰的愿景方向和实践蓝图，明确到 2020 年生态环境质量得到有效改善，到 2030 年生态环境质量总体良好。3 个省（市）要坚决提高政治站位，共同谋划京津冀区域生态环境保护工作，努力做自觉践行习近平总书记生态文明思想的表率，把习近平

总书记系列重要讲话精神和治国理政新理念、新思想、新战略落实为加强生态环境保护的路线图和施工图。必须牢固树立"四个意识"，从政治上思考和谋划京津冀区域生态环境保护工作，坚决贯彻党中央、国务院决策部署，坚决把生态文明建设摆在全局工作的突出地位，打破"自家一亩三分地"的思维定式，打破行政区划限制，坚持区域统筹、流域统筹、陆海统筹、城乡统筹、环境与发展统筹，全方位、全地域、全过程地开展区域生态环境保护。

牢固树立新发展理念，正确处理好发展与保护的关系。习近平总书记指出，绿水青山就是金山银山，保护环境就是保护生产力，改善环境就是发展生产力。在京津冀协同发展进程中，必须平衡和处理好发展与保护的关系，关键是要改变生态环境保护影响经济发展的单向思维，扭转发展的传统惯性模式，增强转型的决心和勇气，处理好"长痛"和"短痛"的关系。要下决心解决产业、能源、交通、城市建设等问题，为地区拓展新的发展空间，提升经济质量和城市群的竞争力。全面推动能源战略性转型，积极推进能源供给侧结构性改革，科学规划能源资源开发布局，进一步提高新能源和可再生能源比重。积极优化生态环境与城市发展的关系，继续加大工作力度。把生态文明理念更好地融入新型城镇化进程，深化生态环境领域"放管服"改革，既优化服务又严格把关，切实推进绿色发展。把发展的基点放到创新上来，塑造更多依靠创新驱动、更多发挥先发优势的引领型发展，形成绿色发展方式和生活方式，实现经济效益、社会效益和生态效益共赢。

健全生态环境治理责任体系，抓好责任落实落地。生态环境保护能否落到实处，层层压实责任、传导压力至关重要。尤其是要抓住领导干部这个"关键少数"，强化生态环境保护主体责任，抓紧建立生态环境保护责任清单，强化抓发展必须抓环保、管行业必须管环保的"一岗双责"意识，重塑区域内各级党委、政府及领导干部的发展观、政绩观、治理观，加快形成政府、企业、公众共治的生态环境治理体系。近几年内，在京津冀区域，必须继续坚定不移做好中央生态环境保护督察和区域强化督查，继续加大监督检查力度，将督查发现的问题移交地方政府限期解决并向社会公开，定期开展巡查"回头看"。敢于动真碰硬，实行最严格的考核问责制度，对工作落实不力、推进缓慢的地方进行约谈，严肃严厉追责问责，打出一套"组合拳"，将压力传导到地方党委和政府及其有关部门，确保环境保护各项部署落地见效，使生态环境保护成为"习惯"和"常态"。

3.2　完善制度顶层设计，厘清京津冀区域生态环境协同治理的战略思路

京津冀区域生态环境保护必须全面贯彻习近平生态文明思想，打破行政区划限制，以生态环境共建共治为核心，以生态环境空间统筹为抓手，以生态保护红线为硬约束，

以最严格的生态环保制度为保障，加强区域生态环境治理体系与治理能力现代化的顶层设计，形成三地"互相帮衬""互相提携""一损俱损、一荣俱荣"的生态环境管理新模式，坚持高标准、严要求，出"重拳"、用"重典"，用最有效的机制、最管用的政策、最严格的制度、最可行的手段加强生态环境治理，使该地区在更高层次上实现人与自然、环境与经济、人与社会和谐发展。

适时修编《京津冀协同发展生态环境保护规划》（以下简称《规划》）。对已发布的《规划》落实情况开展评估考核，督促三地持续推进《规划》指定的路线图和联防联控具体措施和机制的实施。结合"十四五"生态环境保护规划、新的国土空间规划、"三线一单"编制、雄安新区建设、首都副中心建设以及机构改革后海洋污染防控和气候变化等新形势、新要求，适时修编新一轮京津冀中长期生态环境保护规划，就推进污染治理和生态建设提出新的目标、任务和措施，进一步明确京津冀生态环境保护中长期路线图。

坚持以生态环境空间优化区域发展格局的战略。尊重京津冀区域自然生态本底，坚持生态优先、保护为主，开展京津冀区域资源环境承载力和国土开发适宜性评价，加快完善山、水、林、城、海的城市廊道建议，构建基于生态环境功能的分级分区控制体系，加快编制出台《京津冀区域国土空间规划》，引导城市发展空间和产业格局往生态化、集约化方向转变。

坚持以"三线"调控区域发展规模的战略。识别、划定和管理资源、环境、生态"三条线"是维护京津冀区域生态安全的重要保障，是合理确定区域经济活动规模和构建区域产业布局与城镇布局的重要基础，是避免京津冀一体化过程中再犯"大城市病"的重要手段。要耦合京津冀区域自然和行政边界，确定资源环境承载能力，划定生态保护红线，明确城镇开发边界，以资源环境承载力和生态保护红线来调控城市人口和经济发展规模。

坚持以环境质量提升区域发展品质的战略。打好污染防治攻坚战，继续加强京津冀区域污染联防联控，从大区域到中区域、小区域，到网格化空间，切实加强合作，建立完善协作机制。继续推动区域产业结构、能源结构、交通运输结构、用地结构调整，推动区域经济高质量发展，坚定不移改善大气环境质量、水环境质量，引导城市发展品质往公平共享、适应公众需求和诉求方向转变，以良好的环境品质提升京津冀区域综合竞争力。

坚持以机制政策创新协调区域生产矛盾关系的战略。贯彻落实党的十九届四中全会精神，继续大胆创新，先行先试，横下一条心，探索创新区域生态环境保护一体化的新体制、新机制、新政策、新模式，加快生态环境治理的决策、设施、智慧能力建设，加快各项政策的落地实施，打开"死结"、化解"矛盾"，在生态环境治理体系与治理能力现代化方面走在全国前列。

3.3　打破"一亩三分地"的思维桎梏，加快推进京津冀生态环境协同治理体系与治理能力现代化

加快推进构建区域立法体系与环境管理协同机制。加快推进区域层面法律法规、制度条例的完善，开展区域统一立法。尽快出台京津冀及周边地区大气污染防治条例、京津冀机动车和非道路机械排放污染防治条例。推动建立适合区域发展与联合防治的标准体系，特别是推进非电行业超低排放的标准体系建设。三地要开展地方立法协同，并就生态环境保护法律法规、重点措施执行情况进行协同监督。建立京津冀区域环境治理协同的顶层设计与保障机制。充分发挥京津冀大气环境保护局的顶层优势，联合三地在大气环境标准、空气质量预警、柴油大货车治理等方面开展协作，形成相应保障机制。

加强区域大气污染协同治理。进一步优化环境空气质量监测网络，扩大覆盖范围，将国控点覆盖至京津冀晋鲁豫全部市、区、县，特别是在区域行政边界适当增加监测点位，"由点及面"引导各地全面治理。推动京津冀区域工业挥发性有机物、工业炉窑、燃气锅炉、餐饮油烟等的大气排放标准的统一。协同加强移动源污染防治，实行移动源统一规划、统一标准、统一监测、统一防治；建立京津冀超标车"黑名单"平台，加强协同监管；联合公安部、交通部制定京津冀柴油大货车治理方案；对非道路移动机械统一实施登记制度，实现信息共享。

加快统筹流域水环境治理。统筹流域水量分配，切实降低上游水资源开发利用强度，充分保障下游地区生态用水需求。三地可联合成立水环境投资公司，统筹流域上下游水污染治理，统一标准、统一要求、统一步调，明确跨界断面水质要求和相应的补偿标准，组织开展流域水污染防治专项督查，协调推动全流域水质改善；统筹流域上下游污染防治资金投入。

制定完善区域清洁能源政策。统筹兼顾，制定农村采暖清洁方案。针对清洁取暖中存在的央地改造任务指标不同、补贴和取暖方式忽视地方异质性等问题，加强中央、省级及地方三地沟通协调，明确任务量、补贴额、资源分配量，制定差异化补贴、市场化运行、多能互补式的"一市一策"农村清洁取暖方案。因地制宜实施农村清洁取暖工程。根据各地自身条件，发挥清洁煤、电力、天然气等多种清洁能源的优势，按照宜煤则煤、宜气则气、宜电则电，多能互补原则，力推电代煤、稳推气代煤，推进农村清洁取暖工程。一户一宅落实农村清洁能源替代补贴资金。针对经济条件相对落后、空气污染严重的地区，应加大中央及省政府的补贴力度，保证清洁取暖工程的推进，保证村民用得上、在长时间内用得起。

深化区域市场经济政策创新。加快设立京津冀区域生态环境保护基金，解决生态环

境保护的资金不足问题。进一步健全京津冀区域生态保护补偿机制，切实解决区域间发展与保护的协调和利益不平衡问题。探索建立跨区域的排污权交易市场，探索以整个区域为单元，运用市场的力量实现区域污染治理的成本最优，优化资源配置。加快区域资源产品价格和税费调整改革，加强社会共治、生态文明先行示范区建设。

推进新技术在京津冀精细化环境管理中的应用。坚持问题导向，结合京津冀区域不同特点，推进污染治理科学化，形成以研判—决策—实施—评估—优化为主体的精细化应急决策体系。推进区域和城市环保智能精细化管理，实现京津冀智慧环保一体化，在生态环境智慧感知体系、大数据治理体系、业务监管体系等方面实现一体化，创新运用"互联网+"、大数据、云计算及人工智能等先进技术手段，整合视频监控、卫星遥感、无人机等技术设备和数据，不断提高京津冀区域污染治理的精细化水平，全面解决当前技术手段导致的监管水平较为低效的问题和监管漏洞。

3.4　创新京津冀协同共享体系，形成资源共享、优势互补、互帮互助的生态环境保护的共同体

加快构建京津冀跨区域、多部门信息共享机制。加大对生态环境质量监测数据、污染源排放数据、监管执法数据、固体废物管理数据、交通数据、重点行业生产数据等信息的共享和核实力度，定期进行数据质量比对分析，及时解决信息共享不全、不准、不及时的问题。

加快建立跨区域环境治理合作机制。整合京津冀科研资源，孕育大科学。充分利用京津冀科研院所，特别是国家有关机构的环境科研力量，通过资源整合与信息共享等机制，建立京津冀区域一体化环境科研合作、交流平台，进一步强化科技支撑。突出科研平台各组成单位的优势力量，形成差异化、联动化的科研链条，鼓励跨区域联合申请环境科学大项目，攻关环境难题。

创新京津冀人才联动机制，打造无障碍生态环保人才流动政策。统一区域生态环保人才政策，切实推进区域环保人才合作培养、交流对话、挂职考察。以雄安新区建设为契机，有针对性地实施合理可行的人才安置补偿机制，切实推动区域内高中端人才的自由流动。加大对生态环境科学研究的财政支持力度，加快京津冀环境综合治理重大工程攻关，形成京津冀区域环境综合治理的系统解决方案。优选京津冀重点地区（治理资金不足的城市或者园区、乡镇）、重点领域（工业 VOCs 与农业氮、农村清洁能源替代等）、重点问题（非电行业超低排放与分级分类管控、重型载货柴油车治理、农村新装燃气锅炉排放标准等）设立项目，加强科学研究。

加快推动京津冀生态环境科技成果转化。加强环境科研自主创新能力建设，构建区域自主知识产权及专利池，推动区域环境科技成果的应用转化，支撑京津冀区域环保产

业的发展。加大对区域新型环境问题的防控力度，辅助区域性相关环境政策的研究和区域内环保及相关产业的发展指导目录的制定。建立区域一体化的环保技术及成果信息发布与咨询服务体系，促进环保产业的发展和环保技术与设备的推广应用。

加快发展政府、科研机构、企业等多方"环保同盟"。在政府、科研机构和企业之间形成良好的各方"对话"平台和"伙伴关系"，加强政府、科研机构、企业、公众在环境管理方面的交流和沟通，为有效解决京津冀区域环境问题群策群力。建立区域环境与发展咨询平台，实施环境与发展科学咨询制度，对京津冀区域生态建设与环境保护实施过程中遇到的困难进行研究，寻求解决方案，为京津冀区域生态建设与环境保护工作提供支持。

Executive Summary

The coordinated development of the Beijing-Tianjin-Hebei region is a major national strategy of both vital practical significance and profound historical significance developed by the Central Committee of the Communist Party of China (CPC) and the State Council under new historical conditions. Enhanced environmental protection is an important foundation and priority task to promote the regional coordinated development. It provides great support for regional sustainable development, and most directly embodies the well-being of people in the three areas. When listening to a special report on Beijing-Tianjin-Hebei coordinated development in February 2014, General Secretary Xi Jinping stressed that we must devote great energy to expanding environmental capacity and ecological space and strengthening environmental protection. In accordance with the planning of the CPC Central Committee and the State Council, the Ministry of Ecology and Environment (MEE), in conjunction with relevant central and local departments, has made a series of fruitful work in environmental protection in recent years.

1 Positive progress in the coordinated environmental governance of the Beijing-Tianjin-Hebei region

1.1 Initial shape of the overarching design for regional environmental protection

In May 2015, the CPC Central Committee and the State Council issued the *Outline of the Beijing-Tianjin-Hebei Coordinated Development Plan*, calling for early breakthroughs in key fields such as transportation integration, environmental protection, and industrial upgrading and transfer. In December 2015, the National Development and Reform Commission (NDRC) and the former Ministry of Environmental Protection (MEP) jointly formulated and released the *Environment Protection Plan for Beijing-Tianjin-Hebei Coordinated Development*. The guideline shows the way to early breakthroughs in regional environmental protection by delineating resource, environmental and ecological red lines, identifying priority tasks and major projects, and clarifying the key areas of institutional and mechanism reform. From September 2013 onwards, the State Council has rolled out the *Action Plan for Air Pollution Prevention and Control*, *Action Plan for Water Pollution Prevention and Control*, and *Action Plan for Soil Pollution Prevention and Control* (hereinafter referred to as the "three action plans") and the *Three-Year Action Plan to Win the Battle for Blue Skies*, all of which take the Beijing-Tianjin-Hebei region as the key region and primary battlefield. A comprehensive overarching program has thereby been formed for environmental governance of the Beijing-Tianjin-Hebei region. In deep alignment with the program, Beijing, Tianjin, and Hebei have successively set forth respective environmental protection plans for the 13th Five-Year Plan (FYP) period and action plans or work programs to implement these three action plans. In this way, a pollution prevention and control pattern featuring top-down joint collaboration has basically taken shape.

1.2 Gradual establishment of sound regional environmental cooperation mechanisms

Regional joint prevention and control has been carried out at deep levels. In full accordance with the *Cooperation Framework Agreement on Early Breakthrough in Environmental Protection of the Beijing-Tianjin-Hebei Region*, cooperation mechanisms have been established and improved to bolster regional collaboration, with focus on prevention and control of air, water and soil pollution. With the approval of the CPC Central Committee and the State Council, the Coordination Group for air pollution prevention and control in the Beijing-Tianjin-Hebei region and surrounding areas was upgraded to the Leading Group, and the Atmospheric Environment Administration of the Beijing-Tianjin-Hebei Region and Surrounding Areas set up to push forward regional joint prevention and control of air pollution. An assistance mechanism for air pollution control has been created. Beijing signed with Baoding and Langfang, and Tianjin signed with Tangshan and Cangzhou cooperation agreements on joint air pollution prevention and control. With the same objectives, they will take synchronous measures to tackle air pollution. A cooperation mechanism for water pollution control in the region and surrounding areas has also been built. According to the principles of "shared responsibility, information sharing, consultation and coordination, and collaboration", regional and basin cooperation will be fostered to form joint force on the basis of good performance within respective administrative areas. Besides, the working mechanism of joint environmental law enforcement in the region has been further advanced. In view of illegal sewage discharge, summer and autumn straw burning, and coal and oil quality issues, regional law enforcement and inspection has been jointly carried out to crack down on various environmental violations.

A horizontal ecological compensation mechanism has been promoted in river basins. Tianjin and Hebei have signed the *Agreement on Horizontal Ecological Compensation between the Upper and Lower Reaches of Luanhe River for Water Diversion to Tianjin* to cooperatively control pollution along the route of Luanhe River water diversion to Tianjin. They were coordinated to sign the second round of agreement on this issue. Beijing and Hebei have signed the *Compensation Agreement on Ecological Protection of the Upper and Lower Reaches of Miyun Reservoir*. They were guided to jointly compile the *Comprehensive Plan for Environmental Protection of the Chaohe River Basin*, which actively pushes for horizontal ecological compensation mechanism in the Chaobai River Basin and the Yongding River Basin upstream of the Guanting Reservoir.

A mechanism for major regional scientific and technological breakthroughs has been implemented. The project "research & development and application of support technology for regional joint prevention and control of air pollution", which targets the Beijing-Tianjin-Hebei region, has been carried out under the National Science and Technology Support Program. The breakthrough project on cause and control of heavy air pollution has been launched, and the national center for air pollution prevention and control with 28 task forces for city-specific policy tracking has been set up. Major projects on water pollution control and treatment technologies have been deployed, which encompasses the scientific research and engineering demonstration on the restoration of ecological base flow in the Yongding River corridor, the construction of the Beiyun River ecological corridor, and the restoration of the Baiyangdian-Daqing River ecological functions.

1.3 Significant improvement in regional modern environmental governance

Environmental monitoring capacity has been enhanced. State-controlled automatic air pollution monitoring stations in the Beijing-Tianjin-Hebei region and automatic air pollution monitoring stations in "2+26" transmission channel cities have been networked with China National Environmental Monitoring Center (CNEMC), providing more sufficient and powerful data support for forecasting and early warning air quality and coping with heavy pollution weather. A scientific and appropriate water environment monitoring system for river basins has been built, with optimized layout of monitoring sections of cross-border rivers, and a joint monitoring mechanism featuring joint sampling and data exchange and sharing has also been created.

Central environmental protection inspections have been enforced with all might. The central environmental protection inspections were first carried out in Hebei on a pilot basis and then completed in Beijing and Tianjin. This has effectively implemented the "same responsibilities for Party committees and governments" and "dual responsibilities for one position" in environmental protection, and urged the resolution of prominent environmental problems strongly reported by the masses. Driven and influenced by the campaign, the three provinces (cities) issued plans and conducted provincial (municipal) environmental protection inspections, creating an initial pattern of environmental protection inspections at the central and provincial levels.

Special environmental enforcement inspections have been implemented in depth. Since 2013, special inspections for the prevention and control of autumn and winter air pollution and emergency inspections for heavy pollution weather have been organized annually in the Beijing-Tianjin-Hebei region and surrounding areas to severely investigate and punish environmental violations. The Inspection Team stationed in Xiong'an New Area, which was set up by the MEE and the Hebei Provincial Department of Environmental Protection, has stepped up the inspection of local environmental protection efforts to guard against environmental problems and associated social risks. The focus is to strengthen environmental supervision of Baiyangdian and surrounding areas to sharply crack down on illegal sewage discharge.

Innovative environmental supervision and enforcement methods are well used. The online monitoring system has been reinforced. The 2,945 monitoring sites of 1,532 elevated sources in the Beijing-Tianjin-Hebei region and the surrounding "2+26" cities have all integrated automatic monitoring equipment and networked with environmental departments. Through the automatic monitoring system platform of key pollution sources, enterprises with abnormal data are directly overseen, and local environmental departments and enterprises are urged to find out the causes of abnormal data and stop excessive emissions in a timely manner. Refined law enforcement based on "hotspot grids" has also been introduced. Using the satellite remote sensing big data inversion technology, the average concentrations of air pollutants in each grid (3km×3km) are calculated, and heavily polluted hotspot grids are subject to comprehensive investigation and dynamic management to achieve targeted treatment.

2   Multiple challenges in the coordinated environmental governance of the Beijing-Tianjin-Hebei region

Despite remarkable results, environmental protection efforts for Beijing-Tianjin-Hebei coordinated development lag far behind the requirements of the Central Government and the expectations of the general public, especially in terms of policies and institutional mechanisms.

2.1   Grim situation of environmental protection as the weakest region in comprehensive improvement of environmental quality towards a "beautiful China"

In terms of air quality, the Beijing-Tianjin-Hebei region remains the worst region in the country. It registered an annual average $PM_{2.5}$ concentration of 60 $\mu g/m^3$ in 2018, and occupied four (Xingtai, Shijiazhuang, Handan, and Baoding) of the bottom 10 seats for air quality among the 337 cities in the first half of 2019. There are still obvious deficiencies in air pollution control across provincial and municipal borders and in provincial enclaves. Problems such as outdoor burning of straw and cross-border sales of inferior coal often occur. According to the 2004-2016 climate index analysis of atmospheric environmental carrying capacity based on the monitoring and early warning system, the regional atmospheric environment is frequently on the edge of overload. In Hebei, especially, the atmospheric environment shows no sign of significant improvement, but is likely to further deteriorate.

In terms of water quality, the Beijing-Tianjin-Hebei region suffers the acutest problem of overloaded surface water environment in the country. In the Haihe River Basin, there is resource-oriented and quality-oriented water shortage, noticeably ecological water. Water ecosystem is very fragile due to poor mobility and weak self-purification capability of water bodies. Among the 119 state-controlled monitoring sections for surface water quality in the region, 50.4% reached the Class III or higher standards in 2018, while 16.8% failed to meet the Class V standards.

2.2   Considerable impediments to structural optimization for energy, industry, transportation, and land use

Both the energy structure and industrial structure of Tianjin and Hebei are skewed to heavy industry. For example, Tianjin's steel industry has a large production capacity of 25.89 million tons of crude steel. Recently, the steel output is increasing more obviously under the impact of domestic and foreign steel markets. The steel industry is the major contributor to Tianjin's pollutant emissions, responsible for 15% of the city's total primary $PM_{2.5}$ emissions. The overall low level of pollution prevention and management without strong intention of renovation makes it difficult to control air pollutant emissions. The transformation towards ultra-low emissions proceeds slowly, while the unqualified production capacity has not yet been eliminated in a timely manner. This hinders the appropriate response to heavy pollution weather during the early warning period, and as a result, the $PM_{2.5}$ concentration stays high.

The industrial structure in the Beijing-Tianjin-Hebei region is still dominated by electricity, steel, chemicals, and building materials. The energy consumption structure is largely composed of fossil energy, especially coal, with a low proportion of clean energy. Hebei accounts for more than 70% of the regional coal consumption and 10% of the national total. The energy consumption per unit of gross domestic product (GDP) far exceeds Beijing and Tianjin's levels and the national average. Bulk coal remains a major source of pollution in the region. In 2018, civil bulk coal represented 7% of the regional coal consumption, but contributed 34% of black carbon, 32% of organic carbon, 22% of sulfur dioxide (SO_2), and 10% of $PM_{2.5}$ emissions in the region. Due to unsustainable subsidy, high cost and inadequate financial support, the double substitution of bulk coal becomes tough in less developed cities amid great pressure of "bulk coal re-use" in rural areas.

In Hebei, the structure and layout of steel industry causes huge environmental pressure and traffic environmental problems. The steel production capacity is too concentrated in Tangshan and Handan (about 70% or so), and as much as nearly 400 million tons in the Bohai Economic Rim, putting tremendous pressure on the atmospheric environment. In addition, the export of more than half of the products has put tremendous pressure on the road traffic environment in Caofeidian and other areas in the province. There are still many challenges in the transition from road to railway and the regulation of heavy-duty diesel vehicles with excessive emissions.

2.3. Increasing difficulties in regional air pollution control, including the lack of market-oriented policies

Due to high intensity of coal consumption, the Beijing-Tianjin-Hebei region bears massive pressure of pollutant emissions per unit of land area. The emissions of major air pollutants in the region decrease year by year in recent years, but at a lower rate than the national average. The SO_2, nitrogen oxide (NO_x) and smoke (dust) emissions per unit of GDP are 0.8, 1.0 and 1.3

times the national average respectively, with Hebei's levels equivalent to 1.7, 1.9 and 2.9 times the national average. Pollutant emissions are massive in amount and concentrated in space. Tangshan, Tianjin, Handan and Shijiazhuang play a dominant role in industrial source air pollutant emissions, responsible for more than 60% of both SO_2 and NO_x emissions in the entire region. The current situation of heavy industry-oriented industrial structure, coal-dominated energy mix and road-based transportation structure has not yet been fundamentally changed. With the adjustment of industrial and energy structures and the advancement of atmosphere governance, the air pollution source structure becomes obviously different due to the shift of dominant factors from large and medium-sized sources to mobile sources and domestic sources. It is difficult to regulate and control the wide-range various sites with large emissions, as well as substandard bulk coal.

China's current pollution control policy mechanism is led by the State Council and the MEE. Local governments at all levels serve as the principle responsible bodies in the single-center governance model, and the policies are mostly mandatory. The central government sets overarching goals and decomposes them level by level to the local governments. It can be observed that provincial documents are issued largely according to the central government directives, and consistent in terms of work priorities and specific measures. Administrative means are mainly adopted to govern all affairs ranging from industry, energy to society. The market-oriented exploration mechanism remains unavailable.

Among air pollution control measures prevailing in the Beijing-Tianjin-Hebei region, there are few market-oriented mechanisms and economic incentives. The existing economic policies are not yet well implemented. For example, the subsidies are too low to mobilize the owners to early phase out old motor vehicles. Some policies have not yielded expected results due to insufficient local support. For example, given limited central subsidies, clean heating costs are high in some pilot areas without appropriate local contributions. In non-pilot areas, double substitution for bulk coal advances slowly as a combined result of absent central subsidies and low local subsidy standards. There reportedly is a lack of incentives to enterprises that have installed better pollution control facilities to meet national and local environmental management requirements.

2.4 Insufficient capacity of science-based targeted pollution control because of fundamentally unresolved institutional obstacles

The fixed mindset focusing on respective administrative regions is still not completely broken. With large disparities in economic development, Beijing, Tianjin and Hebei have different motivations for environmental protection, which is affected by factors such as political status, fiscal and taxation systems, and performance evaluation. The three provinces (cities) have not yet thought outside the box of existing administrative divisions. At the regional level, the comprehensive decision-making mechanism for environment and development has not yet been formed, hindering the overall planning for urban and rural layout and industrial development. Environmental management is not well coordinated and linked due to differences in industrial access thresholds, pollutant emissions standards, environmental law enforcement efforts, and pollution control levels. Since the respective rights and responsibilities of environmental protection are not clearly defined, it is unlikely to truly strike a balance of interests in coordinated environmental protection in the absence of ecological compensation system for interest coordination and win-win cooperation.

The legal guarantee for joint prevention and control is feeble. At present, national laws and regulations such as the *Action Plan for Air Pollution Prevention and Control*, the *Air Pollution Prevention and Control Law*, and the *Water Pollution Prevention and Control Law* address pollution control only. Departmental rules, though relatively diverse, have weak binding force because they contain more institutional soft restraints than hard restraints on violations and penalties. The existing legislation just touches upon the joint prevention and control system. For example, regional energy restructuring and consultation results are not stipulated in government regulations and cross-regional law enforcement not specified in legal provisions, which undermines the authority of law enforcement system for cross-regional governance. In addition, the general laws and the subordinate regulations for industry, energy, and sectors are not well aligned.

The prevention and control mechanism for regional industrial transfer needs further improvement. Pollution spreads in the Beijing-Tianjin-Hebei region as energy-intensive industries and pollution-intensive industries are transferred from Beijing and Tianjin to Hebei. Moreover, far from enough attention is paid to the various problems and risks associated with industrial transfer. For example, there is a lack of cooperative control over potential pollution risks in the process of industrial transfer. In some areas, relevant legal and regulatory measures have been introduced to regulate local processes, but they are not aligned with policies in the target areas.

Pollution prevention and control is over-reliant on goal-oriented pathway. The Beijing-Tianjin-Hebei region has always regarded the cap and intensity control of pollutant emissions as important targets and goals for regional pollution control, and encouraged governments at all levels to clarify emission targets. This pressure-based approach leads to the government's attention to numerical improvement in environmental quality for political performance. For example, the ahead-of-schedule completion of emission reduction targets are often reported in local communiques, while regional management and guarantee mechanisms are taken as auxiliary means, which gets work priorities mixed up.

The platform for cross-regional coordinated pollution control is absent. At present, to solve the plight of governance coordination in the Beijing-Tianjin-Hebei region, joint meetings are generally used to facilitate consensus of local governments. However, such a loose alliance in essence is neither authoritative nor coordinated. Local governments are prone to lack will and motivation in cross-regional coordinated pollution control, resulting in poor execution. The biggest obstacles to coordinated governance across administration regions include unscientific management system, competition among local governments, less effective environmental law enforcement, and responsibility and information asymmetry among governance bodies.

2.5 Serious mismatch between economic benefits and environmental governance burden in the region, and lack of ecological compensation system for interest coordination and win-win cooperation

Varying in economic development levels, Beijing, Tianjin and Hebei have different motivations for environmental protection, influenced by factors such as political status, fiscal and taxation systems, and performance evaluation. The three provinces (cities) have not yet got rid of the restriction of existing administrative divisions. Taking the atmosphere as an example, there is close cross-border air pollution transmission and economic and industrial complementarity between provinces in the Beijing-Tianjin-Hebei region and surrounding areas. Of the cost of completely controlling air pollution from local product consumption, Beijing itself only bears 9% and passes on the rest (91%) to surrounding backward provinces. Under great pressure of economic development, Hebei, Shanxi and the alike are often unable to invest sustainably and stably in atmospheric environmental governance, which dampens the overall regional joint prevention and control effects. Hence, in the absence of ecological compensation system for interest coordination and win-win cooperation, it is unlikely to truly strike a balance of interests in coordinated environmental protection.

3 Policy recommendations for promoting modern system and capacity for coordinated environmental governance of the Beijing-Tianjin-Hebei region

In recent years, the environment quality has been substantially improved together with the regimes and policies in the Beijing-Tianjin- Hebei region. Nevertheless, compared with the requirements of the central government and the expectations of the masses, there is still an evident gap, especially in terms of institutional mechanisms. Based on field investigation, departmental discussions, and scientific research, the following recommendations are put forward on innovative institutional mechanisms and policy systems:

3.1 Keep committed to the new vision for development, and strengthen the political obligations of regional coordinated environmental governance

Take a clear political stand and foster "four consciousnesses" (maintaining political integrity, thinking in big-picture terms, following the leadership core, and keeping in alignment). The CPC Central Committee, with Comrade Xi Jinping at the core, drew a clear vision and blueprint for the coordinated development of the Beijing-Tianjin-Hebei region, making it clear to effectively improve the environmental quality by 2020 and achieve an overall good ecological environment by 2030. In a staunchly higher political stance, the three provinces (cities) should jointly plan for regional environmental protection, and strive to play an exemplary role in consciously practicing the philosophy of ecological civilization brought forward by General Secretary Xi Jinping. They should translate the important principles of the serial speeches and the new concepts, new ideas, and new strategies for state governance into the roadmap and work plan for strengthening environmental protection. Meanwhile, the three provinces (cities) should enhance the "four consciousness", and think and map out regional environmental protection from the political perspective. In full accordance with the decisions and plans made by the CPC Central Committee and State Council, they should resolutely put ecological progress in a prominent position in the overall work, and change the fixed mindset to overcome the restriction of administrative divisions. They should carry out regional environmental protection in all directions, regions and processes based on overall planning for regions, for river basins, for land and sea, for urban and rural areas, and for environment and development.

Firmly uphold the new philosophy of development and appropriately handle the relationship between development and protection. As highlighted by General Secretary Xi Jinping, lush mountains and lucid waters are invaluable assets. Protecting the environment is protecting productive forces, and improving the environment is developing productive forces. In the process of promoting Beijing-Tianjin-Hebei coordinated development, it is necessary to balance and handle the relationship between development and protection. The key is to change the one-way thinking that environmental protection affects economic development, reverse the traditional inertial model of development, bolster the determination and courage to transform, and appropriately deal with the relationship between "long-term pain" and "short-term pain". We must resolve to solve problems in industry, energy, transportation, and urban development, and open up new space for regional development to improve economic quality and urban cluster competitiveness. We should comprehensively promote the strategic transformation in energy by actively advancing structural reform on the supply side, scientifically planning the layout of resource development, and further increasing the share of new energy and renewable energy. We should proactively optimize the relationship between ecological environment and urban development through more intensive efforts to better incorporate the philosophy of ecological civilization into new urbanization. We should deepen the reform of streamlining administration, delegating power, strengthening regulation, and improving services in the field of ecological environment. However, thresholds should be strictly observed while optimizing services to effectively promote green development. We should base development on innovation, pursue innovation-driven development that relies more on first-mover advantages, form green development patterns and lifestyles, and create a win-win situation in economic, social and ecological benefits.

Perfect the responsibility system for environmental governance and fulfill the responsibilities. For putting environmental protection into practice, it is crucial to perform responsibility and conduct pressure at all levels. In particular, with close attention to the key minority of leading cadres, it is necessary to strengthen the primary responsibility for environmental protection, and introduce a list of environmental protection responsibilities. We should enhance the awareness of environmental protection in both development stimulation and industrial regulation, and reshape the views of development, political achievements, and governance of Party committees, governments, and leading cadres at all levels, and accelerate the formation of an environmental governance system featuring the co-governance by governments, enterprises, and the public. When it comes to the Beijing-Tianjin-Hebei region, in the coming few years, we must unswervingly carry out central environmental protection inspection and regional enhanced environmental inspection in a more intensive manner, hand over problems found to the local governments for resolution and disclose them to the public within a time limit, and re-examine the work on a regular basis. With the courage to tackle the toughest problems, we will implement the most stringent assessment and accountability system, talk with areas with ineffective work and slow progress, and severely investigate and determine the accountability. Through a combination of measures, the pressure will be transmitted to local Party committees and governments and the relevant departments, to ensure that the various environmental plans are effectively enforced as a part of the custom and normal of environmental protection.

3.2 Optimize top-level regime design, and foster strategic thinking of regional coordinated environmental governance

For protecting the environment of the Beijing-Tianjin-Hebei region, we must thoroughly implement Xi Jinping's philosophy of ecological civilization, and break through the restriction of administrative divisions. Focusing on joint contribution and collaborative governance, we should start from overall ecological spatial planning, practice ecological protection redlining as the hard constraint, and provide guarantee through the most stringent environmental protection system. The top-level design for modern regional environmental governance system and capacity will be strengthened to foster a new environmental management model featuring mutual assistance and support and shared losses and benefits in the region. Insisting on high standards and strict requirements, the most effective mechanism and policy, the most stringent system, and the most viable approach will be combined to strengthen environmental governance, so that the Beijing-Tianjin-Hebei region can achieve, at a higher level, the harmonious development of man and nature, of environment and economy, and of man and society.

Revise the *Environmental Protection Plan for Beijing-Tianjin-Hebei Coordinated Development* in due course. Regarding the implementation of the published Plan, review and evaluation will be carried out to urge the three areas to press ahead with the established roadmap and the specific measures and mechanisms for joint prevention and control. Under the new situation, new requirements have emerged, including the 14th Five-Year Plan for environmental protection, new territorial spatial planning, preparation of "three lines and one list" (ecological protection red line, environmental quality bottom line, resource utilization upper line, and ecological access list), and construction of Xiong'an New Area and Beijing's sub-center, as well as marine pollution control and climate change after institutional reform. In view of this, the mid- and long-term environmental protection plan for the Beijing-Tianjin-Hebei region should be revised in a timely manner, setting forth new objectives, tasks and measures for pollution control and ecological progress and further clarifying the mid- and long-term roadmap for regional environment protection.

Adopt the strategy of optimizing regional development pattern with ecological space. We should respect the natural ecological background, insist on protection with priority given to ecology, and carry out the assessment of resource and environmental carrying capacity and territorial land use suitability. While moving faster to improve urban corridors for mountains, waters, forests, towns, and the sea, we should better implement the hierarchical zoning control system based on ecological functions, and accelerate the preparation of the *Territorial Spatial Planning for the Beijing-Tianjin-Hebei Region*, to guide the ecological and intensive transformation of spatial and industrial patterns in urban development.

Implement the strategy of regulating the scale of regional development based on three lines. Identifying, delineating and managing the "three lines" provides an important guarantee for maintaining the ecological security of the Beijing-Tianjin-Hebei region. The "three lines" pave an important foundation for rationally determining the scale of regional economic activities and building regional industrial and urban layout, and serve as an important means of avoiding the "big city disease" in regional integration. Natural and administrative boundaries should be coupled to regulate the scale of urban population and economic development, including identifying resource and environment carrying capacity and delineating ecological protection red line and urban development boundary.

Pursue the strategy of improving regional development quality with environmental quality. To better fight against pollution, we will step up regional joint prevention and control from large and small areas to grids, and establish a sound cooperation mechanism to effectively strengthen cooperation. We will continue to push forward the restructuring industry, energy, transportation, and land use to promote high-quality economic development in the region. We will unswervingly improve the quality of atmospheric and water environment, and guide equal and shared urban development adapted to public needs and demands, in a bid to improve regional comprehensive competitiveness with good environmental quality.

Implement the strategy of coordinating regional production contradictions with mechanism and policy innovation. In the spirit of the 4th Plenary Session of the 19th CPC Central Committee, we will keep on bold innovation, carry out early and pilot implementation, and summon up the resolve to explore innovative regimes, mechanisms, policies and models for regional environmental protection integration. We will speed up decision-making, infrastructure and intelligence capacity building, as well as policy implementation for environmental governance to break the deadlock, resolve the contradiction, and walk in the forefront of the country in modern environmental governance system and capacity.

3.3   Shake off the shackles of fixed mindset, and advance the modernization of regional environmental governance system and capacity

Push for regional legislative system and environmental management coordination mechanism. Faster steps will be taken to improve laws and regulations and carry out unified legislation at the regional level. We will promulgate, as soon as possible, the regulations for air pollution prevention and control in the region and surrounding areas and the regulations for emission pollution prevention and control of motor vehicles and non-road machinery in the region. We will facilitate the establishment of standard systems suitable for regional development and joint prevention and control, especially a standard system for ultra-low emissions in the non-electricity industry. Beijing, Tianjin and Hebei should coordinate in legislation and collaborate in oversight of the enforcement of environmental laws and regulations and major measures. The top-level design and guarantee mechanism for regional coordinated environmental governance should be put in place. While giving full play to the top-level advantages of the Atmospheric Environment Administration of the Beijing-Tianjin-Hebei Region and Surrounding Areas, regional collaboration should be carried out in atmospheric environmental standards, air quality warning, and diesel truck management to form a corresponding guarantee mechanism.

Step up regional coordinated air pollution control. The ambient air quality monitoring network will be further optimized for larger coverage to guide comprehensive control from points to areas across the country. The state-controlled monitoring sites will cover all cities, districts and counties of Beijing, Tianjin, Shanxi, Shandong and Henan, and especially, they will be added as appropriate in the boundaries of administrative areas. Unified air pollutant emissions standards will be formulated for the Beijing-Tianjin-Hebei region, including industrial volatile organic compounds (VOCs), industrial furnaces, gas-fired boilers, and catering fumes. Integrated control of mobile source pollution will be strengthened by implementing unified planning, unified standards, unified monitoring, and unified control. A blacklist of vehicles that exceed the emission limits in the region will be drawn to strengthen coordinated regulation. An emissions control program for diesel trucks will be developed in cooperation with the Ministry of Public Security and the Ministry of Transportation. A unified registration system for non-road mobile machinery will be implemented to achieve information sharing.

Expedite the overall planning for water environment governance of river basins. Overall water distribution planning will be made for river basins to effectively reduce the intensity of exploitation and utilization of upstream water resources and fully guarantee the ecological water demand of downstream areas. Beijing, Tianjin and Hebei may jointly set up a water environment investment company to coordinate water pollution control as well as needed investment in the upper and lower reaches. The work of this company will include unifying standards, requirements and steps; clarifying water quality requirements for cross-border sections and corresponding compensation standards, organizing special inspections on water pollution control to promote coordinated improvement of water quality in the entire river basins.

Formulate and improve regional clean energy policy. The rural clean heating program will be developed in a holistic approach. Given difference in renovation tasks between central and local levels and negligence of local heterogeneity in subsidy and heating methods, communication and coordination at the central, provincial and local levels will be strengthened to clarify the amount of tasks, subsidies and available resources. In this way, a rural clean heating program that supports city-specific policy will be produced, featuring differentiated subsidy, market-oriented operation, and multi-energy complementation. Rural clean heating projects will be implemented according to local conditions. These projects will give full play to the advantages of clean coal, electricity, natural gas and other clean energy and promote as appropriate the substitution of coal by electricity and gas based on multi-energy complementation. Subsidy funds will be put in place specific to houses for alternative rural clean energy. For regions with relatively backward economic conditions and severe air pollution, subsidies from the central and provincial governments should be increased to ensure the progress of clean heating projects and the long-term availability and affordability of villagers.

Deepen regional market economic policy innovation. The Beijing-Tianjin-Hebei environmental protection fund will be set up as soon as possible to address the shortage of funding for environmental protection. The Beijing-Tianjin-Hebei ecological protection compensation mechanism will be further improved to effectively solve the problems of inter-regional coordination for development and protection and unbalance of interests. A cross-regional emissions trading market will be explored to use the market to minimize the cost of pollution control on a regional basis through optimal resource allocation. Efforts will be also strengthened to adjust and reform regional resource product prices and taxes, and create early demonstration zones for social co-governance and ecological progress.

Promote the application of new technologies in regional refined environmental management. Adhering to a problem-oriented approach, a refined emergency decision-making system will be fostered, which includes judgment, decision-making, implementation, assessment and optimization, in order to practice science-based pollution control according to different local characteristics. Intelligent and refined management will be applied in regional and urban environmental protection. The Beijing-Tianjin-Hebei integration in intelligent environmental protection will be promoted, including intelligent perception system, big data governance system, and service supervision system, Advanced technologies such as Internet Plus, big data, cloud computing, and artificial intelligence will be innovatively used, and technical equipment and data such as video surveillance, remote sensing, and unmanned aerial vehicles will be integrated, to continuously improve the regional level of refined pollution control. They will offer a comprehensive solution to inefficient regulation and regulatory loopholes associated with current technical restraints.

3.4　Establish an innovative sharing system, and form a community of shared environmental protection featuring resource sharing, complementary advantages, and mutual assistance

Speed up the construction of cross-regional and multi-sector information sharing mechanism. Information sharing and verification efforts will be intensified, including environmental quality monitoring data, pollution emissions data, regulation and enforcement data, solid waste management data, traffic data, and production data in key industries. Data quality comparison and analysis will be conducted on a regular basis, and incomplete, inaccurate and delayed information sharing will be addressed in a timely manner.

Accelerate the establishment of cross-regional environmental governance cooperation mechanism. Research resources in Beijing, Tianjin and Hebei will be integrated to nurture big science. Through resource integration and information sharing mechanisms, research institutes in the three areas, in particular environmental research forces of national institutions, will be fully used to establish Beijing-Tianjin- Hebei integrated platforms for environmental research cooperation and exchange to further strengthen the scientific and technological support. The superior strength of each component of scientific research platforms will be mobilized to form a differentiated and linked scientific research chain. Encouragement will be given to cross-regional joint application for major environmental science projects to tackle tough environmental problems.

Foster innovative regional talent linkage mechanism and promote policy for barrier-free flow of environmental protection talents. Regional environmental protection talent policies should be unified to seriously push forward cooperative training, dialogue, and inspection of temporary posts of such talents. Taking the construction of Xiong'an New Area as an opportunity, we will implement a reasonable and feasible talent placement and compensation mechanism in a targeted manner to effectively promote the free flow of middle- and high-end talents within the region. More financial support will be provided for research on environmental science to accelerate major research projects and form systematic solutions for Beijing-Tianjin-Hebei comprehensive environmental governance. Projects that enhance scientific research will give priority to key areas (cities, parks, and towns with limited management funds), key fields (industrial VOCs and agricultural nitrogen, rural alternatives clean energy, etc.), and key issues (ultra-low emissions and classified and grading control for non-power industries, management of heavy-duty diesel freight vehicles, emission standards for newly installed gas-fired boilers in rural areas, etc.) in the Beijing-Tianjin-Hebei region.

Facilitate the transformation of environmental scientific and technological achievements. The capacity of independent innovation should be strengthened in environmental scientific research. While building independent intellectual property rights and patent pools, the application and transformation of environmental scientific and technological achievements should be facilitated in the region to support the development of environmental protection industries. The control over emerging regional environmental problems will be upgraded, and meanwhile, assistance will be offered in the research of relevant regional environmental policies and the preparation of guidance catalogs for environmental protection and related industries in the region. A regionally integrated information release and consulting service system for environmental protection technologies and achievements will be put in place to propel the development of environmental protection industries and the promotion and application of environmental protection technologies and equipment.

Boost the development of environmental protection alliance comprised of the government, academia, and enterprises. Robust dialogue platforms and partnerships will be fostered among the government, academia and enterprises to bolster up exchange and dialogue on environmental management among them and beyond (with the public) in expectation of collective wisdom for effectively solving environmental problems in the region. A consulting platform will be created and the scientific advisory system implemented for environment and development in the region, which supports research and solution to difficulties in advancing ecological progress and environmental protection.

目　录

第 1 章 区域生态环境现状与问题识别

　　京津冀区域是国家发展中的重要区域之一，已经成为继长三角、珠三角之后的第 3 个最具活力的区域。2014 年年初，习近平总书记在北京主持召开座谈会，强调实现京津冀协同发展，是面向未来打造新的首都经济圈、推进区域发展体制机制创新的需要，是探索生态文明建设有效路径，促进人口、经济、资源、环境相协调的需要。中央将京津冀协同发展定位为"重大国家战略"无疑令京津冀区域迎来了发展的新纪元。生态环境问题是京津冀协同发展需要面临的首要问题。京津冀区域当前环境形势仍十分严峻，是全国水资源最短缺，大气污染、水污染最严重，资源环境与发展矛盾最为尖锐的地区。随着经济社会的发展，京津冀生态环境特征正在发生重要转变，区域性、复合型、压缩型环境问题日益凸显。4 年来，党中央、国务院、各部门、各地方高度重视京津冀生态环保工作，把解决好京津冀区域生态环境问题作为首要工作来抓，编制出台了纲领性文件《京津冀协同发展生态环境保护规划》，在区域环境空间管控、大气污染防治、水污染防治、生态保护与修复、土壤污染防治等领域出台规划、计划，强化各项措施的落实，取得了重要进展，但同时，还面临许多亟待解决的问题。因此开展京津冀区域生态环境建设协同发展思路和配套政策研究具有迫切的现实需求，生态环境建设是促进京津冀区域协同良好发展的重要领域和关键环节，是破解区域环境难题、提高区域整体竞争力的有效途径，是改善区域环境质量、建设宜居城乡的根本出路，是落实科学发展观、建设生态文明的必然要求。

　　推动京津冀协同发展，是党中央、国务院在新的历史条件下作出的重大国家战略，对统筹建设现代化新型首都圈、调整优化区域生产力、更好发挥国家经济发展重要引擎作用、积极探索改革路径、构建区域协调发展体制机制具有重要意义，也有利于加强生态建设和环境保护，促进经济社会与人口、资源、环境协调发展，为可持续发展奠定坚实基础。

1.1 区域生态环境现状

1.1.1 水资源

　　京津冀区域是我国水资源供需关系最为紧张的地区。2018 年京津冀区域水资源总量仅为全国水资源总量的 0.79%，人口占比达到 8.0%，人均水资源量为 192.6 m³，仅占世界平均水平的 2.6%，远低于国际公认的 500 m³ 的极度缺水线。京津冀区域水资源长期处于供需失衡状态，水资源开发利用严重超载，从 2008—2017 年的水资源供需状况来看，京津冀区域水资源总量年均值约为 200 亿 m³，年均用水量约为 252 亿 m³，水资源供需矛盾突出（图 1-1，表 1-1）。为弥补这一巨大用水缺口，一方面，通过南水北调、引滦入津、引黄入冀补淀等一系列跨流域调水工程予以缓解，据统计，2018 年，北京市南水北调中线工程入境水量占总供水量的 30.3%，天津市引滦引江等的外调水量则占总供水量的 50.3%；另一方面，不得不依靠开采浅层或深层地下水进行补充，2018 年京津冀区域约 50.7% 的供水来自地下水，是全国平均水平的 3.12 倍，由于持续性地开采平原区地下水，地下水位以 0.36 m/a 的速度持续下降，京津冀区域形成了全球最大的地下水降落漏斗，漏斗区面积超过 5 万 km²。

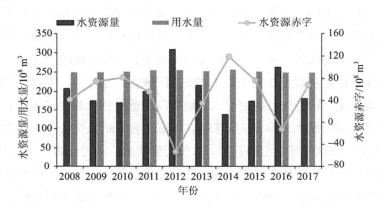

（a）水资源量与用水量

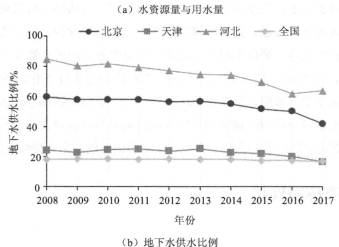

（b）地下水供水比例

图 1-1 京津冀区域 2008—2017 年水资源量与用水量和地下水供水比例

注：（a）中的水资源赤字情况代表了用水量与水资源量之间的差距。

表 1-1   2007—2017 年京津冀区域主要水资源指标

项目	省（市）	2007年	2008年	2009年	2010年	2011年	2012年	2013年	2014年	2015年	2016年	2017年
水资源量/$10^8 m^3$	北京	26.81	34.21	21.84	34.21	23.81	35.06	26.76	20.25	24.81	39.50	29.77
	天津	15.38	9.20	15.24	18.30	11.31	18.92	12.82	11.37	14.64	32.92	13.01
	河北	157.3	137.8	138.0	155.3	119.9	208.3	135.1	106.1	175.9	235.5	138.3
人均水资源量/m^3	北京	151	193	117	174	119	191	117	94	123	161	137
	天津	138	78	124	141	83	134	87	75	95	211	84
	河北	173	197	196	192	217	323	240	144	182	279	184
地下水开发强度	北京	1.49	1.07	1.45	1.34	1.18	0.95	1.31	1.42	1.04	0.83	0.94
	天津	1.43	1.06	1.07	1.32	1.11	0.86	1.14	1.46	1.19	0.98	0.83
	河北	1.51	1.20	1.26	1.40	1.23	0.92	1.04	1.59	1.18	0.81	1.00

1.1.2   水环境

1.1.2.1   水污染物排放

囿于长期以来工业主导型发展模式使得京津冀三地水污染物排放强度大，2017 年，京津冀区域化学需氧量（COD）排放量为 139.2 万 t，氨氮（NH_3-N）排放量为 12.1 万 t，分别约占全国排放量的 13.63%和 8.65%，单位国土面积 COD 和 NH_3-N 排放量约为全国平均水平的 6.0 倍和 3.8 倍（图 1-2）。排放行业和区域呈现集中分布特征，研究表明，京津冀工业源 COD 和 NH_3-N 排放最多的行业主要为造纸及纸制品业、农副食品加工业、化学原料和化学制品制造业、纺织业等十大行业；COD 排放密度大于 1 t/km^2 的区域约占三地总面积的 20.4%，在石家庄、保定、秦皇岛、天津、邢台等市形成显著的 COD 集聚区位，NH_3-N 排放密度大于 0.2 t/km^2 的区域约占三地总面积的 15.9%，污染集聚区主要位于天津、承德、石家庄等地（图 1-3）。

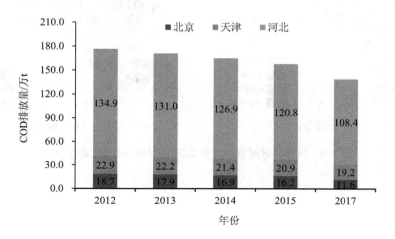

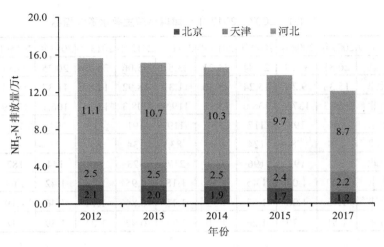

图 1-2 2012—2017 年京津冀区域主要水污染物排放量变化情况

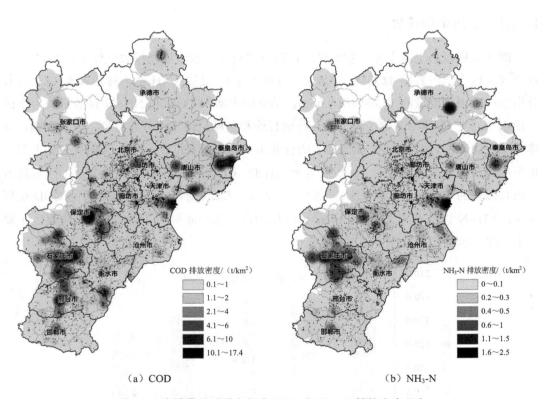

（a）COD

（b）NH₃-N

图 1-3 京津冀区域重点行业 COD 和 NH₃-N 排放密度分布

1.1.2.2 水环境质量

京津冀区域水资源总量不足，加之上游修建水库使得下游径流量锐减，河道缺乏生态流量对污染物进行吸纳、稀释，而水污染物排放量远超水体环境容量，造成"有水皆干，有水皆污"的局面。2017 年京津冀区域有地表水监测数据的国控断面共 95 个，其中达到或优于Ⅲ类的水体断面比例为 34.7%，比全国平均水平（67.9%）低 33.2 个百分点；劣 V 类水体断面比例为 40.0%，比全国平均水平（8.3%）高 31.7 个百分点（表 1-2）；北京市、河北省、天津市年平均水质指数排名分列全国倒数第 1、第 3 和第 4。在所监测的13 142 km 河段内，符合Ⅲ类标准的河段长度仅占监测河段长度的 39.54%，而劣 V 类河段长度比例高达 44.24%。受到污染地表水及污染源排放双重作用影响，京津冀区域也是全国地下水污染最为严重区域，2016 年地下水水质较差的测站比例达 52.0%，极差的测站比例为 16.9%。

表 1-2　2017 年京津冀地表水控制断面水质情况　　　　　　　　　单位：个

省（市）	类别	断面总数	Ⅰ～Ⅲ类	Ⅳ～Ⅴ类	劣Ⅴ类
北京市	河流	16	6	4	6
	湖库	2	2	0	0
天津市	河流	20	3	5	12
	湖库	2	1	1	0
河北省	河流	49	20	10	19
	湖库	6	1	4	1
京津冀区域	河流	85	29	19	37
	湖库	10	4	5	1
	合计	95	33	24	38

1.1.3　能源消耗

能源消费总量偏高，结构不合理。京津冀区域能源消费在全国能源消费总量中的占比连续多年超过 9.5%。2017 年京津冀区域能源消费总量达 4.55 亿 t 标准煤，占全国的比例为 10.14%（图 1-4）。京津冀区域具有典型的以煤炭为主的能源消费结构，2006—2017 年，煤炭消费量在其能源消费总量中的占比连续多年超过 80%（图 1-5）。2017 年，京津冀区域煤炭消费总量占全国的 11.72%，其中河北省占 10.11%。单位 GDP 能耗高，河北省单位 GDP 煤耗远高于北京市、天津市及全国平均水平。由于煤炭消费强度高，京津冀区域单位国土面积承载了巨大的污染物排放压力，使其成为我国空气污染最严重的区域。

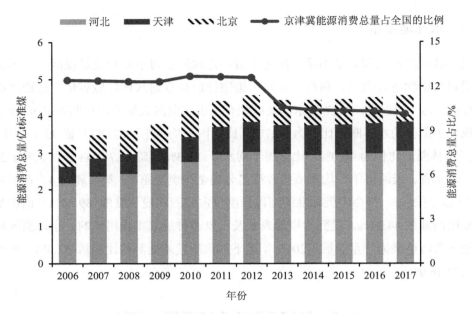

图 1-4　京津冀区域的能源消耗及结构

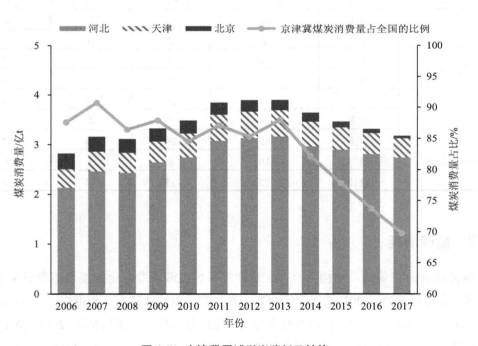

图 1-5　京津冀区域煤炭消耗及结构

1.1.4 大气环境

1.1.4.1 大气污染物排放

京津冀区域大气污染严重。2013—2017 年，京津冀区域主要大气污染物排放量逐年降低，2017 年略有反弹。2017 年，京津冀区域 SO_2 排放量为 101.3 t，占全国 SO_2 排放总量的比例超过 6%；NO_x 排放量为 141.9 t（图 1-6），占比超过 8%；烟（粉）尘排放量为 88.93 t，2013—2017 年占比连续增长，2017 年达到 11.2%。值得注意的是，2017 年京津冀区域单位地区生产总值（GDP）SO_2、NO_x 和烟（粉）尘排放量分别是全国平均水平的 0.79 倍、1.09 倍和 1.14 倍，其中河北省是全国平均水平的 1.66 倍、2.02 倍和 2.43 倍。

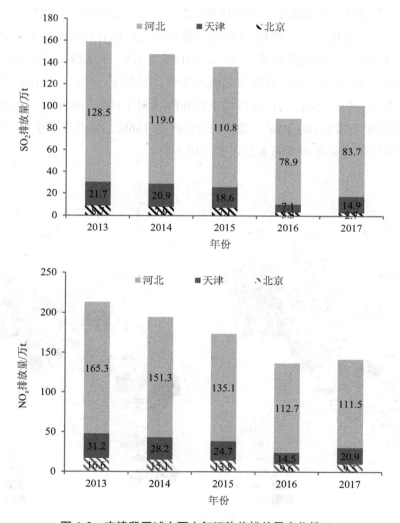

图 1-6 京津冀区域主要大气污染物排放量变化情况

1.1.4.2　工业大气污染物排放密度

从行政区来看，将大气污染工业源排放数据按照京津冀 13 个城市（含北京市、天津市）共 225 个区县（含开发区）进行汇总，获得京津冀区域大气污染物排放在县级行政区层面的空间集聚分布（图 1-7）。结果显示，京津冀工业源大气污染物排放主要集中在唐山、天津、邯郸和石家庄，这 4 个城市的排放量占整个京津冀区域 SO_2 和 NO_x 排放量的 60% 和 64%（图 1-8、图 1-9）。

1.1.4.3　大气环境质量

空气质量逐步改善，大气污染形势依旧严峻。2013—2018 年，京津冀区域大气污染有所改善，全年 $PM_{2.5}$ 平均浓度呈下降趋势，2017 年北京降幅排名为全国第二，2018 年北京市、天津市、河北省全年 $PM_{2.5}$ 平均质量浓度较上年均有较大幅度下降。但是，京津冀区域仍是全国大气环境质量最差的区域，2018 年，169 个地级及以上城市中，空气质量相对较差的后 10 个城市中，京津冀区域占 5 个（石家庄、邢台、唐山、邯郸、保定，均属于河北省），河北省优良天数比例仍不到 60%（图 1-10）。2018 年，京津冀区域城市 $PM_{2.5}$ 年均质量浓度接近 60 $\mu g/m^3$，是长三角地区的 136%，为世界卫生组织（WHO）指导值和美国平均年均质量浓度的 8 倍以上（图 1-11）。

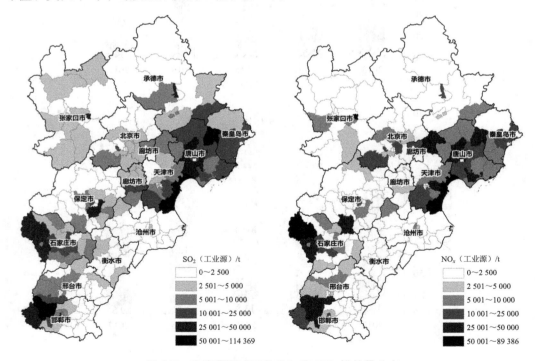

图 1-7　京津冀区域工业 SO_2 和 NO_x 排放量分布

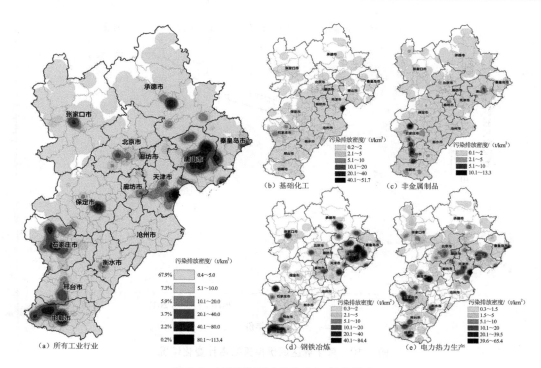

图 1-8　京津冀区域工业 SO_2 排放密度

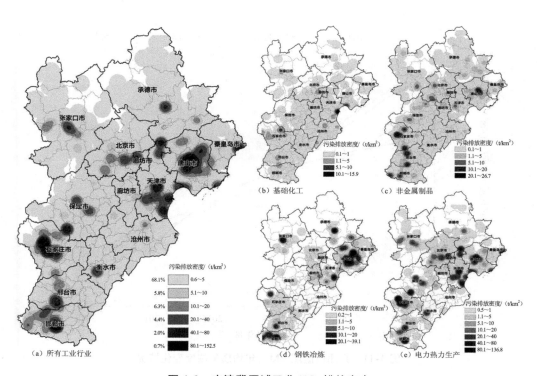

图 1-9　京津冀区域工业 NO_x 排放密度

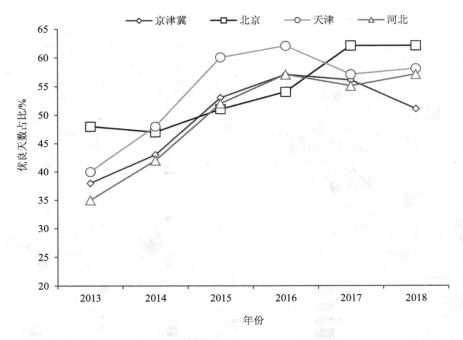

图 1-10　京津冀区域优良天数占比变化情况

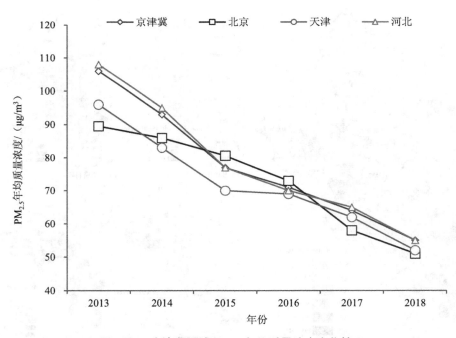

图 1-11　京津冀区域 PM$_{2.5}$ 年均质量浓度变化情况

大气污染物来源复杂。京津冀区域二次颗粒物在 $PM_{2.5}$ 中的比例高，为 50%～70%，北京市、天津市和河北省分别为 60%、53% 和 59%。在北京市 $PM_{2.5}$ 中，一次颗粒物主要来自工业过程，二次颗粒物的前体物主要来自能源和交通运输产业；天津市和河北省的 $PM_{2.5}$ 主要来自能源产业。图 1-12 展示了 2013—2017 年京津冀区域各城市大气污染物 $PM_{2.5}$ 浓度分布，图中颜色深浅代表了污染物浓度的高低，北京市和天津市颜色组成相对较浅，石家庄市、唐山市、邯郸市、邢台市和保定市颜色组成相对较深，特别是 1 月污染物浓度较高。

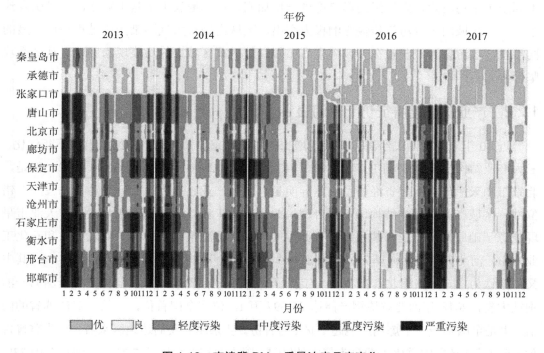

图 1-12 京津冀 $PM_{2.5}$ 质量浓度月度变化

1.2 区域协同发展中生态环境面临的挑战

当前，京津冀区域的产业规模与结构性问题仍十分突出，水资源依然短缺，能源结构、交通运输结构、用地结构依然不合理，大气污染、水污染依然严重，资源环境与发展矛盾依然尖锐。这些问题不仅是京津冀协同发展面临的重大挑战，也是区域生态环境保护必须攻克的重点和难点问题。

1.2.1 自然地理条件总体不利

京津冀区域复杂的地形地貌以及多变的气候条件不利于大气污染物扩散，一定程度上加重了局部地区大气污染。由于北部和西部有燕山、太行山阻挡，一定程度上阻断了其境内大气与西北部地区大气的传输，不利于污染物扩散。受大气环流及大气化学组成的双重作用，大气环流多变，偏南和偏东为主的暖湿气流多，重点区域易出现静稳、高湿等不利气象条件，同时受全球气候变暖的影响，京津冀部分地区降水偏少，气温偏高，不利于污染物清除，大气污染形势将进一步加剧。春季地表土壤基本解冻，容易引发沙尘天气。区域间大气污染传输影响极为突出，区域内城市大气污染变化过程呈现明显的同步性，重污染天气一般在一天内先后出现。京津冀区域大气污染现象频现，秋冬季攻坚形势尤其严峻。

1.2.2 产业重型化特征仍十分明显

近 10 年来，在国民经济总量持续增长的同时，京津冀三地产业结构也在不断优化，三大产业结构已由 2007 年的 7.2∶45.0∶47.9 调整为 2016 年的 5.1∶36.7∶58.2。但是，北京市和天津市与河北省经济发展差异明显，三大产业具有"三二一"与"二三一"错位性，区域产业布局和结构仍不尽合理。北京市的工业以装备制造业为主体，天津市呈现能源基础原材料工业和装备制造业并重的格局，能源基础原材料工业以钢铁和石化工业为主。河北省则是能源基础原材料工业"一枝独大"，占整体工业总产值的 54%，其中又以钢铁为主。虽然河北省自 2014 年起就开始实施钢铁产能压减，但依然是全国第一的钢铁大省，2018 年河北省炼钢产能达 25 697 万 t，位居全国首位，是第二名江苏省的两倍，也是全国唯一一个炼钢产能超 2 亿 t 的省份。从京津冀及周边地区来看，京津冀晋鲁豫 6 省（市）是我国重化工业最为集中的区域，国土面积占全国的 7.2%，却消耗全国 33%的煤炭，生产全国 43%的钢铁、45%的焦炭、38%的电解铝、31%的平板玻璃、19%的水泥，拥有全国 28%的机动车，主要大气污染物排放量约占全国的 30%，单位国土面积排放强度是全国平均水平的 4 倍左右。

1.2.3 城市与产业空间布局仍不合理

近年来，京津冀区域经济社会的发展特别是城镇化的快速发展以及产城复杂关系对城市环境质量改善带来巨大压力，北京、天津等中心城市尤其突出，其他城市的中心城区的问题也很突出。人口膨胀、交通拥堵等"城市病"已在北京等市全面爆发，大气复合型污染特征突出。机动车、施工扬尘等是影响市区大气环境的重要因素。此外，随着京津冀一体化发展，廊坊、保定等近京城市人口增长也较快，加剧了"城市病"。

为缓解主城区的资源环境压力，京津冀区域许多城市推行"退二进三"。部分园区和项目的布设缺乏对城市风道、生态走廊和城市生态安全距离等方面的认识与管理，造成城市功能板块集中分布、污染源集中排放、污染物叠加复合，导致大气污染物扩散困难、水资源污染加剧、生态空间支离破碎等问题。河北省境内零散分布着 181 个市区人口不超过 50 万人的中小型城市，这些城市发展过程中普遍面临着农业发展落后、工业结构不合理、资源依赖性强、缺少新兴工业支持等诸多问题，产业结构层次偏低，产业空间布局混乱，资源依赖度高，污染排放量大，再加上区域排污设备整体落后，污染处理水平不足，对区域资源环境带来极大负荷。对京津冀排查发现的"散乱污"企业，大多分布在城乡接合部、县城周边以及广大乡镇，生产设备普遍简陋，或无环保设施，或环保设施简易，废水偷排偷放、固体废物和危险废物处置不规范、小锅炉烟气直排、烟（粉）尘无组织排放等环境问题十分突出，对周围人居环境影响较大。

京津冀区域在产业协作中，由于自身市场机制发育程度不高，很难依靠市场机制实现区域要素自由流动、资源充分共享和污染协同治理。区域内部尚未形成合理的分工，也未形成完整的区域产业链和区域生态环境治理体系。在发展不均衡情势下的区域产业转移，进一步导致发展失衡、环境恶化、产业空心化和过度竞争等问题。大城市重污染企业向中小城市转移，污染源分布格局也随之变化，但环境问题难以从根本上得到解决。

1.2.4　能源结构短期内仍难以根本改变

京津冀区域能源对外依存度较高、供应保障压力大；能源消费结构以化石能源特别是煤炭为主，清洁能源消费比重低。2017 年京津冀能源消费总量达 4.55 亿 t 标准煤，占全国的比例为 10.14%，煤炭消费总量占全国的 11.72%，能源消费总量居高不下。煤炭在能源消费总量中的占比高，其中河北省煤炭消费总量占全国的 10.11%，单位 GDP 能源消费量远高于北京市、天津市及全国平均水平。散煤仍是区域内较大的污染来源。2018 年民用散煤占京津冀煤炭消费总量的 7%，但贡献了区域内 34% 的黑炭、32% 的有机碳、22% 的 SO_2、10% 的 $PM_{2.5}$。1 t 散煤直接燃烧的大气污染物排放量是等量电煤的 10 倍以上，散煤燃烧涉及千家万户，改用电力、热力、燃气的一次性投资，以及后续的气价、电价较高，影响居民清洁采暖积极性。随着京津冀协同发展的稳步推进，能源消费仍将合理增加，偏煤的能源结构短期内难以改变，同时煤炭刚性削减将会导致能源缺口，保供压力增加。

从空气质量超标严重的邢台、唐山、邯郸、石家庄等市看，能源消费量大，且以煤炭为主的不合理能源消费结构是其大气污染物排放量大的主要原因之一。一些以煤炭消耗为主的高能耗、重污染产业向农村转移，使得这些城市煤烟型污染向农村扩散，加重了大气环境超载。

1.2.5　交通运输结构优化不足

京津冀区域各地通过实施港口禁收汽运煤、超标重型柴油车管理等一系列政策，区域交通运输结构得到一定优化。但是，仍存在交通运输结构不合理、货物运输占比较大等问题。2018 年统计数据显示，京津冀全年铁路货运量为 2.9 亿 t，而公路货运量为 28.1 亿 t，区域内公路货运以重型柴油车为主，NO_x 排放量占区域 NO_x 排放总量的 1/5。

目前，存在高排放重型柴油货车过境情况、城市与外埠货运物流交换节点连接不足、铁路与港口"最后一公里"衔接不畅仍然是京津冀交通运输结构调整无法回避的问题，而这其中，高排放长途重型柴油车过境又是污染问题的重中之重。北京、石家庄、保定等城市都存在过境柴油车污染问题。数据显示，北京市每天过境和进京的重型柴油车最高曾达到约 7 万辆，其中 2 万多辆是进京运送生产、生活物资车辆，4 万多辆为过境车辆。

1.2.6　水资源仍是突出短板

京津冀区域地表水资源严重短缺，地下水超采极为严重，且高度依赖外调水资源，是全国水资源供需矛盾最为严重的地区。京津冀区域属于华北严重缺水区域，河流多为季节性河流，雨过河干，地表水资源严重短缺。区域内平原区地表普遍断流，生态用水常年不足；湿地萎缩，功能衰退，现存湿地如白洋淀、北大港、南大港、团泊洼、千顷洼、草泊、七里海、大浪淀等，均面临干涸困境。水资源短缺已成为本区域发展的全局性限制因素。

从水资源供需状况来看，京津冀区域地表水资源量约占用水总量的一半。水资源供需矛盾突出，只能依靠外调水和超采地下水来维持日益增长的工农业和居民生活用水需求。此外，由于持续性地开采平原区地下水，地下水位以 0.36 m/a 的速度持续下降，导致地面沉降等诸多地质环境问题。据统计，地面累计沉降量大于 200 mm 的沉降区域的面积近 6.2 万 km^2，京津冀区域已成为全球最大的漏斗区。随着经济社会的发展和人民生活水平的提高，区域内水资源供需矛盾还会日益突出。

1.2.7　水环境形势依然严峻

京津冀区域地表水环境污染仍极为严重，质量改善压力较大，是全国地表水环境超载矛盾最为尖锐的区域。京津冀区域水污染物排放总量大，2017 年，京津冀区域 COD 排放量为 139.3 万 t，NH_3-N 排放量为 12.1 万 t，分别约占全国排放总量的 7.10% 和 5.98%，单位国土面积 COD 和 NH_3-N 排放量分别约为全国平均水平的 3.13 倍和 2.64 倍。水污染物排放区域比较集中，加之整体区域的水环境容量有限，使得水环境质量与国家标准和人民群众对美好生活的需要相比，仍有较大差距。另外，农业面源污染问题日益严重，农业面源污染物的排放量在污染物入河排放量中的占比最大，且其污染物的排放难以控制。工业点源污染、城镇生活污染、农业与农村面源污染相互交织、相互叠加，构成复合型污染，污染物排放量大大超出水环境承载能力，加之生态流量缺少，导致京津冀区域河流水污染严重。

京津冀区域地下水及近岸海域水环境状况不容乐观，近年来成为全国地下水污染最为严重的区域，近岸海域水质也严重恶化。受到污染地表水及污染源排放双重作用影响，2016 年地下水水质较差的测站比例达 52.0%，极差的测站比例为 16.9%；京津冀区域受污染的地下水占地下水总量的 1/3，重金属污染的地下水多集中在石家庄等城市周边，以及天津市、唐山市等的工矿企业周围，地下水"三氮"超标率较高。京津冀区域的渤海湾水质极差，劣四类海水占 75%，全国 9 个重要海湾中，劣四类比例仅次于杭州湾和长江口。与"十一五"相比，"十二五"期间渤海湾水质总体呈恶化趋势，第一类和第二类海水比例降低 22.5 个百分点，第四类和劣四类海水比例升高 7.5 个百分点。近 50 年来，入海水量逐渐减少，且主要是汛期洪涝水和污水，遇干旱年份，入海水量几乎为零。12 个主要入海河口都存在淤积问题，泄洪能力大大降低。入海水量的减少，使流域生态系统由开放型逐渐向封闭式和内陆式方向转化，河流生物物种逐渐低级化。

区域内配套污水收集管网建设还不完善，且新建城区管网覆盖范围不足、老城区管道的错接渗漏等问题严重，导致城镇污水收集能力下降，部分污水处理厂实际污水处理量尚未达到设计标准，污水处理厂的管理水平亟待进一步加强；区域内农村环境基础设施建设还很滞后，大部分生活垃圾、生活污水得不到有效处理，农业面源污染问题突出。

1.2.8 大气污染治理难度逐渐加大

由于煤炭消费强度高，京津冀区域单位国土面积承担了巨大的污染物排放压力，虽然近年来京津冀区域主要大气污染物排放量逐年下降，但其下降速度低于全国平均下降速度。2017 年，京津冀区域单位 GDP 的 SO_2、NO_x 和烟（粉）尘排放量分别是全国平均水平的 0.79 倍、1.09 倍和 1.14 倍，但河北省单位 GDP 的 SO_2、NO_x 和烟（粉）尘排放量分别是全国平均水平的 1.66 倍、2.02 倍和 2.43 倍。污染物排放总量大、排放区域集中，工业源大气污染物排放主要集中在唐山市、天津市、邯郸市和石家庄市，占整个京津冀区域 SO_2、NO_x 排放总量的比重均超过 60%。产业结构偏重、能源结构偏煤、运输结构偏公路的现状未得到根本改变。随着产业结构、能源结构的调整和治理的不断深入，大气污染源结构发生了较大的变化，污染主体已由大中型污染源向移动源、生活源转变，大气污染点多、量大、面广，加上散烧煤煤质达标情况并不理想，监管难度大，导致治理难度加大。

生活源污染物排放占比增大造成治理难度加大。随着产业结构调整和工业污染治理深化，城市正常运转和居民日常生活带来的污染物排放量所占比重越来越大，生活源已经成为北京市主要的大气污染源。大量农村人口的能源消耗也是造成大气污染的重要原因，特别是冬季分散燃煤取暖产生的污染物一般不经处理直接排放；秸秆燃烧也在特定季节加剧大气污染。

1.2.9　重要生态系统面临威胁

国土开发强度持续增加，生态用地大幅减少。1984—2015 年京津冀区域城镇生态系统面积占区域总面积的比例由 5.6%增加到 11.3%，年均增幅达 7.1%。农田面积减少 1.45 万 km^2，降幅达 13.28%，主要是因为城镇扩张占用。环首都地区开发建设强度大，以北京为中心、半径为 30 km 的范围内，开发建设强度达到 57.6%；半径为 60 km 的范围内，开发建设强度达到 27%。城镇蔓延危及重要生态廊道，大量湿地、滩涂永久性丧失，天然草地、天然林面积持续缩减，生态用地斑块化、破碎化趋势明显。

沿海自然岸线、滩涂湿地损失严重，生态功能退化。京津冀区域自然岸线开发比例已达到较高水平，河北省自然岸线保有量不足 15%，天津市已几乎没有自然岸线。津冀地区滨海湿地面积已不足中华人民共和国成立初期的 30%，河北省自然湿地占滨海湿地的比重由 20 世纪 50 年代的 97%降至 50%，人工湿地面积剧增。天津市大量滩涂湿地永久性丧失，盐田湿地面积持续下降。20 年来，渤海海洋生物群落结构呈现严重退化趋势，传统优质经济鱼类产量减少 90%，经济鱼类的生产向短周期、低质化和低龄化演化。

产业园区数量多、分布集中，部分与生态保护空间冲突。京津冀区域共有 254 个省级及以上园区，平均每个县约有 1.4 个省级及以上园区。其中，京津冀水源涵养、水土保持等生态敏感区内布局 19 个工业园区和 2 800 余家工业企业，生态极重要、极敏感区内布局 8 个工业园区和 500 余家工业企业。园区数量多、布局较密集，大多数园区间距在 5～20 km，相互之间距离小于 20 km 的园区约有 196 个。

1.2.10　体制机制中存在的问题仍未得到根本性解决

（1）"一亩三分地"固化思维仍然没有彻底打破

京津冀三地经济发展水平差距大，受政治地位、财税体制、政绩考核等因素影响，环境保护的动力各不相同。三地尚未挣脱"现有行政区"掣肘，区域层面的环境与发展综合决策机制尚未形成，城乡布局与产业发展缺乏整体统筹设计，产业准入、污染物排放标准、环保执法力度、污染治理水平存在差异，环境管理协调不足、缺乏联动。各自生态环保的权利、责任界定不清晰，缺乏利益协调、合作共赢的生态补偿制度保障，难以真正形成生态环境协同保护的利益平衡。

（2）区域协同治理手段不足

政策系统的协调度不足，目前我国污染治理的政策机制是由国务院和生态环境部主导、各级地方政府作为地区的责任主体的"单中心"模式，政策也多为强制性政策，由中央政府制定总目标再由地方政府层层分解。可以观察到省域的文件大多依据中央政府指令出台，工作重点与具体措施都较为一致，政府多采取行政手段处理从产业、能源到社会的一切事务，市场化机制的探索依然不够。目前京津冀乃至全国的土壤污染防治法律法规体系仍不健全，防治工作缺乏完整的标准规范。同时土壤污染防治专业人才队伍尚未建设完成，技术能力无法满足现实需求。

（3）缺少联防联控法律法规，相关制度保障性较弱

区域联防联控制度的构建需要法律法规的支撑，然而我国相关法律的制定滞后于污染区域联防联控的治理机制，目前国家层面的法律法规有《大气污染防治行动计划》（以下简称"大气十条"）、《中华人民共和国大气污染防治法》《中华人民共和国水污染防治法》等，高级别的法律都只是涉及污染治理。部门章程虽然相对丰富但其内容中制度性的"软约束"多于对违法惩处的"硬约束"，约束力不强，同时对于联防联控制度也是一笔带过，例如，关于区域能源结构调整、会议会商结果等的内容都未纳入政府法律法规，对跨区域执法的相关要求也并未有详细具体的法律规定，导致跨区域治理执法系统的权威性受到质疑。同时总法规与下属的产业、能源、部门等方面的法律衔接性较差。中央多个文件中都指出要"成立污染联防联控工作机制"，但在地方级的政策中却没有看到相关落实情况和说明。同时联防联控政策多为实时性的，如 APEC 和奥运会等，随着会议结束或领导换届，这种短时的非制度化合作就会逐渐消失。

（4）产业转移的配套机制与风险控制存在障碍

京津冀区域将北京市、天津市的"双高"产业向河北省转移，导致了污染随之扩散，多数政策中的搬迁、治理污染的方式的效果是暂时的，同时一些落后地区出于对经济发展的渴求主动接受高污染产业向本地转移，导致我国整体重化工业的占比依然较高。同时各地区缺乏对转移中存在的很多附属问题和风险的关注，例如，对于产业转移过程中可能发生的污染风险缺乏合作控制机制，只有部分地区出台相关法律监管措施，但也只是规定了本地范围内的过程监管，未和转移目标地完成政策衔接。

（5）节能减排治理对目标导向过度依赖

我国一直把污染物的排放总量和强度控制作为地区治理污染的重要指标和目标，鼓励各级政府制定明确的排放指标，这种"压力型"手段会导致政府为了政绩过分关注质量指标数值的提高，例如，地方公报中经常出现提前完成减排目标等，但视区域的管理机制和保障机制为辅助手段，导致本末倒置。同时由于技术创新时间周期的特

征，技术创新并非一蹴而就，一些地区为按时达到绩效目标而存在关于技术应用的"一刀切"制度，例如，彻底淘汰产能而非逐步改造，导致一些企业难以达到目标就虚报、瞒报数据。

（6）跨区域污染协作治理平台缺失

当前，为解决治理的协调困境，各地方政府一般采取联席会议的方式达成一致性意见并采取协作行动，对促进跨区域污染问题的解决起到了一定的积极作用。然而，这种联席会议实质上是一种松散的联盟，一般由各地方政府选派人员参加，不涉及其他相关利益主体，加之其不具备权威性和统筹性，各地方政府在跨区域污染协作治理中，容易产生意愿和动力不足的情况，导致执行力弱。管理体制不科学、地方政府之间存在竞争、环境执法有效性不足、治理主体之间权利与信息不对称是跨行政区污染协同治理的最大障碍，各地的治理能力差异和资源浪费情况还显著存在。

第 2 章 区域生态环境保护历程与主要成效

近年来，按照党中央、国务院关于京津冀协同发展安排部署，在生态环境部的带领下，京津冀区域在生态环境保护方面开展了一系列工作，取得了以下几个方面的成效：区域生态环境保护顶层设计基本形成、建立健全区域生态环境保护协作机制、坚决打好京津冀区域污染防治攻坚战、大力强化生态保护与空间管控、加强能力建设、严格生态环保督查执法、稳步推进雄安新区和北京副中心生态环境建设等。

2.1 京津冀区域生态环境保护历程

中华人民共和国成立初期，百废待兴，我国的主要精力集中在经济建设上，发展了大规模的"高污染、高耗能"企业，埋下了污染隐患。20 世纪 50 年代，党中央曾开启了治理海河、治理黄河、荆江分洪、官厅水库建设的四大水利工程，毛泽东同志号召实施"绿化祖国"战略，但当时环境污染程度较低，并没有引起足够重视。

直至 20 世纪 70 年代，伴随着全球环境运动的兴起，我国对环境问题的认知进一步提升。1971 年国家基本建设委员会成立了防治环境污染的"三废"利用领导小组，1973 年召开第一次全国环境保护会议，1973 年国家计划委员会、国家基本建设委员会、卫生部联合颁布中国第一个环境标准——《工业"三废"排放试行标准》，1974 年国务院成立了我国历史上第一个环境保护机构——国务院环境保护领导小组，但是专门的治理机构在当时尚未形成，污染治理职权分散在国务院多个部门。这一阶段，主要关注频发的水旱灾害和工业污染。从京津冀区域来看，当时主要任务为执行国家战略，具有地方特质的污染问题并未引起各级政府的关注，并没有形成联合治理态势。

改革开放以来我国发展战略重点转向市场化经济，重工业发展与环境保护的矛盾显露。我国提出经济和环境两手抓的战略，生态问题得到重视，1983 年环境保护上升为基本国策。这一阶段环境管理的组织架构和制度体系也得到进一步丰富，1984 年城乡建设环境保护部内设的环境保护局改名为国家环境保护局，1988 年开始为独立的国家环境保护局。1979 年颁布的《中华人民共和国环境保护法（试行）》促使环境治理走上法制之路，针对这一阶段的水土流失问题，1984 年通过了《中华人民共和国水污染防治法》，同时实施了"防风固沙，蓄水保土"的"三北"防护林体系建设工程，大气污染治理从点源治理阶段迈入综合防控阶段，1982 年第一个《大气环境质量标准》颁布，1987 年《中华人民共和国大气污染防治法》颁布。京津冀区域水污染政策和大气污染政策都有所丰富，但主要实施地区在北京市，并出现了多部门联合行动——"清洁能源行动"。

随着我国的城市化与工业化进程加快，经济与环境的矛盾日益复杂，环保政策上升至国家战略高度，2001 年《国家环境保护"十五"计划》出台，以流域、区域环境区划为基础，对水污染和大气污染防治工作作出安排。以 2000 年发布的《水土保持生态环境监测网络管理办法》为起点，关于土壤污染跨区域防治机制的研究与立法工作开启，主要着眼于土壤污染以及空间管控中的土地如何作为资源利用的问题。京津冀区域也于 2006 年开启了大气污染的区域联防联控的试点工作，当时此项工作是为了迎接奥运会而开展的临时性行动，2006 年组建了"北京奥运会空气质量保障工作协调小组"，2008 年京津冀等 6 省（市）启动了奥运会期间的空气质量区域联防联控机制。

随着环境污染尤其是大气污染的问题受到越来越多的国内外关注，2010 年《关于推进大气污染联防联控工作改善区域空气质量的指导意见》出台，促使大气污染区域联防联控步入正规化进程。京津冀各方面的污染治理制度也得以确立或推进，2013 年成立了京津冀及周边地区大气污染防治协作小组，多部门联合颁布了《京津冀及周边地区落实大气污染防治行动计划实施细则》；2014 年京津冀签署了《京津冀水污染突发事件联防联控机制合作协议》，而 2015 年颁布的《水污染防治行动计划》（以下简称"水十条"）明确了京津冀水污染治理区域联合行动的开局之年，同年《京津冀协同发展六河五湖综合治理与生态修复总体方案》发布。此阶段的一个明显特征是加大了立法和执法力度，完善了公众参与和环境考核等制度，京津冀环境执法联动工作领导小组和联席会议启动。

当前，京津冀区域污染治理进入了深化攻坚期，三大重点领域治理工作同时推进。在大气污染治理方面，2017 年多部门联合发布《京津冀及周边地区 2017—2018 年秋冬季大气污染综合治理攻坚行动方案》，2018 年将原来的京津冀及周边地区大气污染防治协作小组升格为京津冀及周边地区大气污染防治领导小组。在水污染治理方面，2016 年京津冀及周边地区水污染防治协作小组召开第一次会议，《京津冀及周边地区水污染防治部际协调小组工作规则》发布，同时基于流域治理的横向协同机制形成。在土壤污染治理方面，2016 年是历史性的转折点，国务院印发《土壤污染防治行动计划》（以下简称"土十条"），2018 年《中华人民共和国土壤污染防治法》发布，法律制度的制定促使京津冀出台了国土空间规划等相关政策，形成了跨区域治理的机制，但相对于水和大气治理，土壤治理仍处于起步阶段。2018 年，国务院发布了《中共中央　国务院关于全面加强生态环境保护　坚决打好污染防治攻坚战的意见》，明确要求打好蓝天、碧水、净土三大保卫战，进一步推动了三大领域的区域性治理工作，针对每个地区的特征不断推进实施差异化、精细化的政策。

2.2　京津冀区域环境管理主要措施与成效

2.2.1　加快顶层设计实施

2015 年 5 月，党中央、国务院印发《京津冀协同发展规划纲要》，纲要指出，推动京津冀协同发展是一个重大国家战略，核心是有序疏解北京市非首都功能，要在京津冀交通一体化、生态环境保护、产业升级转移等重点领域率先取得突破，纲要明确京津冀整体定位之一就是"生态修复环境改善示范区"。

2015 年 12 月，国家发展改革委和环境保护部共同编制印发《京津冀协同发展生态环境保护规划》，划定京津冀区域资源、环境、生态三大红线，确定了生态环保重点任务和重大工程项目，明确体制机制改革的重点领域，为京津冀协同发展在生态环保方面率先突破指明了方向。

2013 年 9 月，国务院发布"大气十条"，同时根据环境与经济形势变化和完成既定目标任务的需要，适时对有关措施进行细化、强化，陆续出台《京津冀大气污染防治强化措施（2016—2017 年）》《京津冀及周边地区 2017 年大气污染防治工作方案》《京津冀及周边地区 2017—2018 年秋冬季大气污染综合治理攻坚行动方案》等。

2018 年 7 月，国务院正式印发《蓝天行动》。为落实该行动计划，全力做好 2018—2019 年秋冬季大气污染防治工作，印发了《京津冀及周边地区 2018—2019 年秋冬季大气污染综合治理攻坚行动方案》。

2015 年 4 月，国务院发布"水十条"，将京津冀区域作为重点治理区域。2016 年 5 月，国务院发布"土十条"，将京津冀区域作为土壤污染综合防治先行区。

北京市、天津市、河北省深入对接《京津冀协同发展规划纲要》等国家规划方案，也陆续出台了一系列规划计划和方案。3 省（市）均已制定出台"十三五"时期生态环境保护规划以及落实"3 个十条"的行动计划或工作方案。北京市出台"十三五"新能源和可再生能源发展规划等文件，编制《北京环境总体规划（2015—2030 年）》，修订实施大气、水污染防治地方性法规，制（修）订 43 项全国最严排放限值的地方环保标准，出台提高排污收费标准等 38 项经济政策。天津市出台生态用地保护红线划定方案等文件，修订《大气污染防治条例》，坚持依法铁腕治理环境污染。河北省出台《河北省大气污染深入治理三年（2015—2017）行动方案》《河北省建设京津冀生态环境支撑区规划（2016—2020 年）》等文件，各地市亦陆续出台大气、水环境质量达标行动计划或方案。

2.2.2 深入推进绿色发展

调整优化产业结构。京津冀三地加大过剩产能和落后产能淘汰力度，加快产业结构升级。2017 年京津冀三产比例为 4.66：36.72：58.62，京津冀三地进一步调整产业结构，产业发展突出功能定位。河北省坚定不移去产能，到 2018 年 9 月，河北省累计压减炼钢产能约 9 700 万 t、炼铁产能约 8 500 万 t，淘汰水泥产能约 7 300 万 t、平板玻璃产能 7 673 万重量箱，压减煤炭消费总量约 5 600 万 t。开展"散乱污"企业环境污染专项执法检查及清理整治，目前，京津冀及周边"2+26"城市已完成 6.2 万余家"散乱污"企业分类处置。河北省超额完成钢铁、煤炭等行业去产能任务，装备制造业占规模以上工业的比重超过了钢铁行业，成为工业第一支柱。

优化能源消费结构。京津冀三地加大过剩产能和落后产能淘汰力度，严控能源消费总量，优化能源消费结构，加快清洁低碳转型。近 5 年以来，能源消费总量保持低速增长，以煤为主的能源产业结构得到大力调整。2017 年，北京市煤炭消费量占能源消费总量的比例降到 5.65%。积极推进落实《能源生产和消费革命战略（2016—2030）》，2017 年京津唐可再生能源总装机容量为 1 584 万 kW，占京津冀电网可再生能源装机容量的 78.7%。北京市强化"三级双控"管理体系，将能源消费总量和强度目标分解到各区、重点行业主管部门和市级考核重点用能单位，并开展节能考核，落实节能目标责任制。2016 年以来，共完成 348 个固定资产投资项目的节能审查。组织开展"百千万"重点用能单位行动，建成市级节能监测服务平台一期工程，完成 230 家用能单位能耗数据的在线采集和监测。

大力推动循环低碳发展。北京市连续 3 年印发节能低碳技术产品及示范案例推荐目录，推广近 200 项节能低碳技术和产品。北京经济技术开发区园区循环化改造示范试点以及国家第二批"城市矿产"示范基地等项目通过国家发展改革委、财政部终期验收。积极推进绿色建筑发展，2017 年全市城镇绿色建筑占新建建筑的比重达 54.5%。积极推广新能源和清洁能源公交车辆，截至 2017 年年底，北京市新能源和清洁能源公交车比例达到 65% 以上；实施绿色货运政策，2017 年认定"绿色货运企业" 21 家。天津港全面禁止重型柴油货车散运煤炭，2016 年、2017 年分别淘汰老旧车 16.32 万辆、5.1 万辆。河北省坚持"车、油、路"一体化治理，累计淘汰老旧车 134.8 万辆，推广新能源汽车 4.3 万辆。

践行绿色生活方式。京津冀各地积极贯彻落实《公民生态环境行为规范（试行）》，从关注生态环境、节约能源资源、践行绿色消费、选择低碳出行、分类投放垃圾、减少污染产生、呵护自然生态、参加环保实践、参与监督举报、共建美丽中国等方面开展实践。各地确定 2018 年环境日主题为"美丽中国，我是行动者"，共同开展为期 3 年的主题实践活动，倡导简约适度、绿色低碳的生活方式，促进环保公众参与。六五环境日探索与企业合作开展宣传活动，积极引导企业参与生态环境宣传工作，鼓励企业履行社会责任，共同打造环境综合治理社会行动体系。

2.2.3　全面打响蓝天保卫战

各级政府和相关部门积极落实"大气十条"以及《蓝天行动》，各项重点任务稳步推进，实现了京津冀区域大气环境质量的持续改善。生态环境部按月调度各地大气污染防治措施任务进展情况，对京津冀区域空气质量改善情况实施季度考核，对工作进度缓慢地区进行预警、约谈。各地区狠抓任务落实，大气污染治理工作力度前所未有，环境空气质量稳步改善。2017 年，京津冀区域 13 个城市 $PM_{2.5}$ 年均质量浓度为 64 $\mu g/m^3$，比 2013 年下降 39.6%。其中，北京市 $PM_{2.5}$ 年均质量浓度为 58 $\mu g/m^3$，比 2013 年下降 35.6%；天津市 $PM_{2.5}$ 年均质量浓度为 62 $\mu g/m^3$，比 2013 年下降 35.4%；河北省 $PM_{2.5}$ 年均质量浓度为 65 $\mu g/m^3$，比 2013 年下降 39.8%。

实施燃煤电厂与钢铁行业超低排放改造。京津冀燃煤电厂超低排放改造全面完成。河北省已于 2015 年年底前基本完成 30 万 kW 及以上煤电机组超低排放改造，成为全国最早全面完成改造的省份；天津市提前 1 年，于 2016 年年底前全面完成改造任务。北京市原有煤电机组已全部关停，改为天然气发电。目前，正深入推进唐山、邯郸、安阳等城市钢铁企业超低排放改造。

大力推进散煤清洁化治理。将京津冀及周边地区大气污染传输通道"2+26"城市列为北方地区冬季清洁取暖规划首批实施范围，各地全面加强城中村、城乡接合部和农村地区散煤治理，推进京津冀区域荣乌高速以北、京昆高速以东近 1 万 km^2 区域实现"无煤化"。截至 2017 年年底，京津冀及周边地区"2+26"城市完成散煤"双替代"390 多万户，替代散煤 1 000 余万 t，淘汰燃煤小锅炉 5.6 万台，京津保廊 1 万 km^2 禁煤区基本建成。

2018 年，生态环境部坚持以气定改、先立后破，因地制宜、积极稳妥推进京津冀区域煤改气、煤改电工作。配合国家发展改革委及其管理的国家能源局加大天然气保障力度，对京津冀及周边地区和汾渭平原 7 省（市）天然气供应予以重点倾斜、优先保障。配合财政部加大资金支持力度，将京津冀及周边地区"2+26"城市全部纳入清洁取暖试点城市范围，连续 3 年给予资金补贴。

大力推进工业污染治理。京津冀三地通过采取严格执行特别排放限值、清洁生产审核、淘汰落后产能、"散乱污"企业集中整治、工业炉窑和挥发性有机物专项整治等措施大力推进工业企业污染治理。严格排放标准，京津冀及周边地区"2+26"城市火电、钢铁、有色金属、建材、锅炉等行业，从 2017 年 10 月起执行大气污染物特别排放限值。对物料（含废渣）运输、装卸、储存、转移与输送，以及生产工艺过程全面增加无组织排放控制措施要求。

持续推进运输结构调整。实施环渤海煤炭集港"公转铁",曹妃甸等港区疏港矿石、进京建筑材料转由铁路运输。天津港、河北省集疏港煤炭分别从 2017 年 5 月 1 日和 9 月 1 日起全部改由铁路运输,停止接收由公路运输的煤炭。加大淘汰黄标车和老旧车力度,近几年京津冀淘汰近 250 万辆黄标车和老旧车。开展柴油车打假行动,强化新生产机动车环保达标监管,不定期开展对机动车的联合执法行动。北京市对 4.6 万辆出租车更换三元催化器,为 5 500 余辆重型柴油车安装颗粒物捕集器。京津冀三地全面实施机动车国五排放标准,全面供应国六标准车用燃油。2018 年陆续实现了区域重点行业大气污染物特别排放限值、轻型汽柴油客车和重型柴油车国五标准、车用油品国六标准、空气重污染预警分级标准和减排比例的统一。

积极应对重污染天气。统一京津冀区域重污染天气应急预警分级标准,实施区域大范围统一预警、应急联动机制。建立快速响应、运转流畅的重污染天气应急响应工作机制,提高预测预报能力,实现空气质量 3 天精准预报、7 天潜势预报。科学研判预警,及时启动错峰生产和应急响应,坚持"一业一策""一企一策"。圆满完成党的十九大、"一带一路"国际合作高峰论坛召开期间等重点时段的空气质量保障任务。结果表明:及时启动预警,一定程度上可以抑制污染物快速增长,部分城市 $PM_{2.5}$ 质量浓度比预测值低 10%~25%。

2.2.4 深入推进水污染防治

积极落实"水十条",受国务院委托,生态环境部分别与京津冀 3 省(市)签订《水污染防治目标责任书》,进一步细化确定 3 省(市)水质考核断面和水质目标,强化水质不达标水体治理。定期了解京津冀"水十条"实施进展情况,建立信息报送及交流机制,每月分析水环境形势,以此为基础对达标存在困难或水质恶化地区进行预警。近年来,京津冀区域水环境质量有所好转,黑臭水体明显减少,饮用水安全保障水平进一步提升,地下水超采得到有效遏制,河湖和海洋生态功能得到逐步修复。2017 年,京津冀区域地表水环境质量国控监测断面共有 95 个,其中达到或优于Ⅲ类的水体断面比例为 34.7%,劣Ⅴ类水体断面比例为 40.0%。2017 年,北京市优良水体比例由 2013 年的 49.8%变为 48.6%,劣Ⅴ类水体比例由 2013 年的 44.1%下降到 34.7%(按河长统计);天津市优良水体比例由 2013 年的 12.3%提高到 40%,劣Ⅴ类水体比例由 2013 年的 57.5%下降到 35%;河北省优良水体比例由 2013 年的 37.5%提高到 45.9%,劣Ⅴ类水体比例由 2013 年的 37.5%下降到 33.8%。

推进重点流域污染防治。印发《重点流域水污染防治规划(2016—2020 年)》,推进流域、区域(包含京津冀区域)水污染防治网格化、精细化管理。印发《水环境质量分析及预警工作方案》,按月分析评估包含京津冀区域在内的全国水环境形势,识别工作滞后的地区和突出水环境问题。按季度召开水环境质量达标滞后地区工作调度会，督促包括保定市、邢台市等在内的地方政府查找问题，落实整改，推动任务完成。在滦河开展江河综合整治试点工作，推进滦河生态安全调查评估及生态环境保护方案编制工作。天津市、河北省签订引滦入津上下游横向生态补偿协议。

保障饮用水水源安全。开展地级及以上城市、县级城镇所有在用集中式生活饮用水水源地水质监测。北京市每年开展市级、区级和乡镇级集中式饮用水水源地环境状况评估，按季度公开饮用水从水源地到水龙头等的饮用水安全状况。天津市完成于桥水库等 5 个集中式饮用水水源地保护区划定，完成武清等 5 个区 205 个千人以上农村集中式地下水饮用水水源地保护区划定，投资 170 多亿元实施库区移民搬迁工程。河北省制定实施县城及以上集中式饮用水水源地安全防护专项行动方案，推进水源地一级保护区隔离防护工程建设。

开展城市黑臭水体整治环境保护专项行动。全面建立河（湖）长制，实现"每条河流有人管，每寸河道有人治"。联合住房和城乡建设部对京津冀区域上报的已完成整治的 93 条黑臭水体开展专项督查，认定 5 条水体未消除黑臭需要重新进行整治，新发现黑臭水体 2 条，并向相关城市人民政府通报黑臭水体督查情况，交办问题清单并公开相关信息，接受社会监督。目前，各城市已按规定上报了整改方案，明确了整改措施和完成时限等。

强化工业和城镇生活污水治理。北京市全面排查并取缔造纸、印染、电镀等"十小"企业，完成 31 家相关企业及工艺的关停退出，积极推进重点行业环保技术改造升级。全市 25 个市级及以上工业园区全部建设集中污水处理设施或委托污水处理厂处理，并实现在线监控。天津市全面推进污水处理厂提标改造，完成 14 个市级及以上工业集聚区污水处理设施整改，完成 50 座污水处理厂提标改造。河北省开展造纸、焦化、氮肥、有色金属、制革、印染、原料药制造等"十大"重点行业清洁化改造，列入清洁化改造计划的 149 家企业全部完成改造任务。165 家工业园区（开发区）完成污水集中处理设施建设，28 座城镇污水处理厂完成提标改造。

推动农业农村环境治理。全面落实《全国农村环境综合整治"十三五"规划》要求，将京津冀区域作为全国农村环境综合整治的重点区域。2018 年京津冀区域计划完成 2 260 多个建制村的环境综合整治，截至 2018 年 8 月底，已完成 840 多个建制村的环境综合整治。在畜禽养殖污染防治方面，京津冀区域已完成畜禽养殖禁养区划定，并完成已划定的禁养区内养殖场（小区）和养殖专业户的关闭或搬迁工作。扩大测土配方施肥范围，加强农药减量控制，化肥、农药使用量实现负增长。

2.2.5　加快推进土壤污染防治

京津冀三地积极落实"土十条"，分别出台土壤污染防治工作方案，均已启动土壤污染状况详查相关工作，开展关停搬迁工业企业场地排查、已搬迁关闭重点行业企业用地再开发利用情况调查。北京市发布土壤环境重点监管企业名单和 8 项地方土壤环境标准。天津市、河北省启动一批土壤污染治理与修复技术应用试点项目。目前，京津冀三地土壤环境质量改善工作正在持续推进中。主要工作进展包括：

有序推进土壤污染防治。北京市全面启动土壤环境质量调查与评价工作。完成农用地详查土壤样品采集，开展全市重点行业企业用地土壤污染状况调查。按照《农用地土壤环境质量类别划分技术指南（试行）》要求，全面开展农用地土壤环境质量类别划分。天津市持续推进土壤污染状况详查，截至 2018 年 6 月底完成 4 306 个点位土壤样品采集及大部分样品分析检测，配合国家对天津市农用地详查的制样基地、流转基地、检查实验室和质控实验室进行现场监督检查。河北省全面落实国家"土十条"，出台全省土壤污染防治工作方案，开展土壤污染状况详查，在石家庄市栾城区、保定市清苑区等 13 个县（区）谋划实施土壤污染治理与修复试点，雄安新区被列为国家土壤污染综合防治先行区，率先在雄安新区完成了土壤污染状况详查，为全国土壤污染状况详查探索了经验。

严格污染地块风险管控。北京市开展关停企业污染地块筛查，制定《北京市 2017 年度污染地块名录》。做好搬迁企业拆除及腾退后土地的环境监管，将疑似污染地块纳入全国污染地块信息系统，严格用地准入。发布《北京市土壤污染治理修复规划》《土壤环境重点监管企业名单》。天津市建立并公开污染地块名录，督促开展场地调查、治理修复；严控被污染地块的土地流转及建设项目开工，合理规划被污染场地的土地用途；严控新增污染，在土壤重点监管企业周边进行监测；落实涉重金属行业污染防控，组织研究重金属总量减排工作与环评审批、排污许可证等工作的衔接。河北省组织开展打击非法倾倒处置危险废物违法犯罪"雷霆行动"，开展打击非法入境洋垃圾专项行动。建成固体废物动态信息管理平台，启动涉危企业环境管理智能视频监控体系建设。

稳步实施农用地分类管理。生态环境部会同相关部门联合印发《涉镉等重金属重点行业企业排查整治方案》，部署各地开展涉重金属行业污染耕地风险排查整治。开展雄安新区耕地土壤环境质量类别划分试点。天津市在历史污灌区开展 2 000 亩①农用地土壤重金属污染治理与修复示范项目。出台农田土壤重金属污染修复示范效果跟踪监测实施方案，并选取 200 亩已开展治理修复的示范区布设监测点位，开展跟踪监测试点。

加强固体废物处理处置。北京市加快推进垃圾处理设施建设，完成鲁家山餐厨垃圾收运处一体化项目、昌平垃圾气力管道收集系统工程、环卫电动车辆综合停车场及配套

---

① 1 亩 ≈ 0.066 7 hm²。

工程、草桥有机质生态处理中心升级改造等项目的立项批复。循环化改造试点项目通过国家终期验收。北京经济技术开发区园区循环化改造示范试点以及国家第二批"城市矿产"示范基地——北京绿盟再生资源产业基地项目通过国家发展改革委、财政部终期验收。提升生活垃圾无害化处理率和资源化率，2017 年，全市生活垃圾日处理能力达到 2.43 万 t，无害化处理率达到 99.88%，94%以上的行政村基本实现生活垃圾有效处理。天津市裕川微生物制品有限公司固体废物资源化及余热利用项目污泥综合处置工程项目一期、二期已建成，三期正在规划中；天津市北疆发电厂废气脱硝残渣做建材治理工程已建成。

2.2.6 加强生态保护与修复

完成生态保护红线划定。成立协调小组，积极推进京津冀生态保护红线划定与衔接，3 省（市）生态保护红线划定方案均已发布实施，北京市生态保护红线面积为 4 290 km^2，占市域总面积的 26.1%，包含水源涵养类型、水土保持类型、生物多样性维护类型和重要河流湿地 4 种；天津市陆海统筹划定生态保护红线总面积 1 394 km^2，占陆海总面积的 9.91%，形成"三区一带多点"的基本格局，实现一条红线管控重要生态空间；河北省划定生态保护红线总面积 4.05 万 km^2，其中陆域面积为 3.86 万 km^2，占陆域总面积的 20.49%，基本形成了护佑京津、雄安新区和华北平原，保障京津冀区域生态空间安全的格局。

加强自然保护区综合管理。新建河北省青崖寨国家级自然保护区，调整河北省昌黎黄金海岸、小五台山、衡水湖等 3 处国家级自然保护区。截至 2016 年年底，京津冀区域共建立自然保护区 73 个，总面积为 93.62 万 hm^2，占该区域陆地国土面积的 4.35%，其中，国家级自然保护区 18 处，面积为 32.69 万 hm^2。建立自然保护区天地一体化监测平台，开展国家级自然保护区人类活动变化遥感监测，严格控制开发建设活动。

加强生态保护与修复。京津冀三地相继签订了《北方地区大通关建设协作备忘录》等区域合作协议，开展了京津风沙治理二期工程等。按照"突出重点、规模治理"的建设思路，有序实施完成了京津风沙源治理、退耕还林、"三北"防护林、太行山绿化、沿海防护林等国家重点造林工程，加快构筑以"两屏四带两网"为骨干框架的生态屏障。2014 年以来，北京、天津和河北 3 省（市）完成植树造林 2 200 万亩以上。河北省依托国家林业建设重点工程，大力实施绿色河北攻坚，持续推进造林绿化，不断强化森林资源保护，森林面积快速增长，森林质量明显提升。截至 2017 年年底，全省森林覆盖率达到 33%，森林蓄积量达到 1.49 亿 m^3。全省荒漠化、沙化土地面积分别减少 173.5 万亩和 32.8 万亩。山地丘陵区随着森林植被的恢复，水土流失面积逐步减小，滑坡、崩塌和泥石流等地质灾害发生频率呈下降趋势。

推进生物多样性保护。完成太行山生物多样性保护优先区域边界核定工作，在京津冀区域内的部分面积为 2.17 万 km^2，涉及 25 个县（区），覆盖京津冀区域总面积的 9.95%。

开展北京市门头沟区生物多样性调查与评估，对河北省唐山市、天津市唐家河口和塘沽高沙岭滨海湿地水鸟多样性变化情况进行观测。

实施生态补偿。2016 年 4 月国务院发布的《关于健全生态保护补偿机制的意见》中明确提出要在京津冀水源涵养地实施生态补偿试点工作。北京市与承德市开展了跨区域碳排放交易试点工作，联合探索推进生态建设项目产业化和用能权、用水权、排污权的跨区域交易。引滦入津上下游横向生态补偿机制建立，河北省和北京市达成《密云水库上下游流域生态保护补偿协议》，出台了相关实施方案，共同落实官厅水库上游永定河流域生态补偿机制，共同划定官厅水库水源保护区，进一步保障京冀饮用水安全。印发《京津两市对口帮扶河北省张承环京津相关地区工作方案》，京津冀三地针对生态涵养地的"一对一"对口帮扶工作顺利开展。

2.2.7　严格生态环保督查执法

开展中央生态环保督察。在河北省率先开展中央生态环保督察试点，完成对北京市、天津市的中央生态环保督察工作，有力落实环境保护"党政同责""一岗双责"，推动解决了一批群众反映强烈的突出环境问题。在中央生态环保督察的带动和影响下，3 省（市）均已出台环境保护职责分工文件，制定党政领导干部生态环境损害责任追究实施细则，印发生态环保督查方案，参照中央生态环保督察模式开展省（市）级生态环保督查，初步形成中央、省两级生态环保督查格局。

开展专项环境保护执法督查。2013 年以来，每年组织开展京津冀及周边地区秋冬季大气污染防治专项督查、重污染天气应急督查和蓝天保卫战重点区域强化监督定点帮扶，严厉查处环境违法行为；2017 年 2—3 月，组织开展第一季度空气质量专项督查，共检查单位和企业 8 500 余家，向地方移交环境问题 3 119 个。2017 年 4 月 7 日起，从全国抽调 5 600 名环境执法业务骨干，开展为期一年的大气污染防治强化督查；从 2018 年 6 月 11 日持续到 2019 年 4 月 28 日，开展 2018—2019 年蓝天保卫战重点区域强化督查，以 2019 年 4 月为例，各强化监督定点帮扶工作组共发现涉气环境问题 5 233 个，其中河北省 1 679 个，占 32.1%，问题数量最多的城市为邢台市，共 361 个；从 2019 年 5 月 8 日开始，2019—2020 年蓝天保卫战重点区域强化监督定点帮扶工作正式启动，重点对京津冀及周边地区、汾渭平原地区工业企业污染防治、涉气"散乱污"企业（点位）未完成整改、应淘汰锅炉整治不到位、车用油品整治不到位等情况开展监督帮扶指导。此外，生态环境部与河北省生态环境厅成立雄安新区驻点督查组，以防范环境问题引发社会风险为重点，加强对雄安新区环境保护工作落实情况的督查，重点加强对白洋淀及周边地区的环境监管，严厉打击违法排污行为。

积极创新执法手段。加强在线监控系统建设。京津冀及周边地区"2+26"城市辖区内 1 532 家高架源（排放烟囱超过 45 m）企业的 2 945 个监控点，已全部安装自动监控设备，并与生态环境部门联网。通过重点污染源自动监控系统平台，实施异常数据企业直接督办，督促地方生态环境部门及企业查找数据异常原因，及时制止超标排放行为。"2+26"城市的重点监控企业中，超标企业占比从 2016 年年初的 31%下降至年底的 3.79%。开展"热点网格"精细化执法，利用卫星遥感大数据反演技术，划分"3 km×3 km"网格，计算每个网格大气污染物浓度平均值，对污染较重的热点网格开展全面排查和动态管理，实现精准打击。对反复出现的"热点网格"区域，利用无人机遥感辅助现场排查，重点检查网格内"散乱污"企业和散煤燃烧、垃圾焚烧等违法行为，提升环境监管针对性和准确性。

2.2.8　加强生态环境监管能力建设

环境监测网络体系建设能力得到全面提升。目前，京津冀国控空气自动监测站和京津冀及周边地区大气污染传输通道"2+26"城市空气自动监测站均与监测总站实现数据联网，为空气质量预报预警、重污染天气应对等提供更充足有力的数据支撑。构建科学合理的流域水环境监测体系，优化布设跨界河流监测断面，建立共同采样、数据交换与共享的联合监测机制。北京市新（改、扩）建空气质量自动监测站，建成 67 个空气质量自动监测站和 $PM_{2.5}$ 高密度网格化自动监测网络；启动街乡镇空气质量考核监测基础网络建设，全市共布设监测点位 1 020 个，形成大气环境监测体系；制定河道水质监测（河长制）工作方案，全市河流手工监测断面增加到 390 余个；完成 83 个国控土壤环境监测点位布设及监测工作，启动市控土壤环境监测网络建设，构建了天地一体化的生态环境遥感监测体系。河北省建成乡镇空气监测站 1 900 个、完成率达 96%，新建开发区空气监测站 58 个、港口空气监测站 3 个，46 个国控水站全部完成站房和辅助设施建设，布设土壤环境监测点位 1 702 个。

环境执法能力不断加强。北京市制定印发工作方案，依托现有网格化城市管理系统，建立了市级顶层设计、区级组织实施、街乡镇和村（社区）网格具体落实的网格化环境监管工作机制。构建分工清晰、责任明确的"网格长、网格员、网格、污染源"四统一的网格监管体系，着力解决"最后一公里"的环保问题。河北省坚持出重拳、用重典，严厉打击环境违法犯罪行为，着力加强环境法治建设。省人大常委会修订《水污染防治条例》，省生态环境厅起草《机动车污染防治条例》。组织开展大气环境执法检查、"碧水2018""利剑斩污"等专项行动。全省检查企业 102 032 家（次），立案行政处罚案件 8 221起、罚款 5.75 亿元。自 2017 年 10 月以来，河北省执法检查企业总数、日均出动执法人数、日均执法检查企业数连续 9 个月位居全国第一。

深入开展重大科技专项研究。开展国家科技支撑计划项目"区域大气污染联防联控支撑技术研发及应用"研究，确定了以京津冀为主要研究区域。启动实施大气重污染成因与治理攻关项目，组建了国家大气污染防治攻关联合中心，形成了一支由 1 500 名优秀科学家和一线科技工作者组成的攻关团队；成立了 28 个"一市一策"驻点跟踪研究工作组，派驻 500 多人对京津冀及周边地区"2+26"城市进行长期驻点指导，形成了"边研究、边产出、边应用、边反馈、边完善"的工作模式。部署水体污染控制与治理科技重大专项，重点围绕永定河廊道生态基流恢复、北运河生态廊道构建、白洋淀—大清河生态功能恢复开展科学研究与工程示范。"十三五"以来，"水专项"在京津冀区域共部署 10 个项目，中央财政投入 11.82 亿元。

2.2.9 创新生态文明体制机制

深入开展区域联防联控。全面落实《京津冀区域环境保护率先突破合作框架协议》，以大气、水、土壤污染防治为重点，以联合立法、统一标准、协同治污等 10 个方面为突破口，加强区域协作，全力打造京津冀生态环境支撑区。建立健全合作机制，经党中央、国务院同意，京津冀及周边地区大气污染防治协作小组"升格"为京津冀及周边地区大气污染防治领导小组，设立京津冀及周边地区大气环境管理局（挂靠生态环境部大气环境司），统筹推进区域大气污染联防联控，研究解决大气环境突出问题。建立大气污染治理"2+4"帮扶机制，北京市与保定市、廊坊市，天津市与唐山市、沧州市分别签订大气污染联防联控合作协议书，目标同向、措施同步，共同为大气污染防治工作发力。建立京津冀及周边地区水污染防治协作机制，按照"责任共担、信息共享、协商统筹、联动协作"原则，在做好各自行政区域内水污染防治工作基础上，开展区域流域协作，形成工作合力。3 省（市）环境执法联动工作机制进一步深化，针对各类违法排污、夏秋季秸秆焚烧、燃煤及油品质量等问题，联合开展区域执法和督导检查，严厉打击各类环境违法违规行为。

不断完善区域环境管理一体化。在生态环境部的领导下，北京市积极发挥区域大气污染防治领导小组作用，建成京津冀大气污染防治信息共享平台，实现 7 省（区、市）空气质量、重点污染源排放等数据共享。推动区域空气质量预报预警机制逐步统一，2016 年，实现了三地空气重污染应急预警分级标准的统一，规范了预警发布、调整和解除程序，为京津冀三地统一应对区域性空气重污染、实行协同减排措施建立了基础；2017 年，在京津冀及周边地区"2+26"大气污染传输通道城市范围内统一了预警分级标准和不同级别减排比例，形成了京津冀区域统一的重污染天气应急联动协调机制。同时，建立了定期会商、联动执法、联合检查、重点案件联合后督察、信息共享 5 项制度。制度建立以来，在国家重大活动保障、空气重污染应急等情况下开展联动执法。开展京津冀区域资源环境承载力监测预警试点工作，完成资源环境承载力评价。

　　稳步推进省以下生态环境机构监测监察执法垂直管理制度改革试点。围绕解决现行以块为主的地方生态环境管理体制存在的突出问题，河北省率先启动完成省以下生态环境机构监测监察执法垂直管理制度改革试点。在制度建设上实现"两个加强"，即加强地方党委和政府责任落实，相关部门按照环境保护责任清单履职尽责，加强监督检查和责任追究，建立健全权威有效的环境监察体系；在工作重心上实行"两个聚焦"，即省级生态环境部门进一步聚焦对环境质量监测考核和环保履责情况的监督检查，市（地）、县级生态环境部门进一步聚焦属地环境执法和执法监测；在运行机制上强化"两个健全"，即建立健全环保议事协调机制，建立健全信息共享机制。

　　完善流域生态补偿机制。认真落实《关于引滦入津上下游横向生态补偿的协议》，津冀两省（市）共同实施引滦入津沿线污染治理，联合开展水质监测和绩效评估，河北省每年足额获得流域生态补偿和奖励资金 4 亿元。京冀两省（市）共同起草《密云水库上下游流域生态保护补偿协议》和实施方案，就京冀流域生态补偿达成共识，两省（市）人民政府均已批复同意签署补偿协议。京冀两省（市）共同开展官厅水库上游永定河流域生态补偿机制研究，共同划定官厅水库水源保护区，进一步保障京冀饮用水安全。

　　推进排污许可证制度先行试点。为推动京津冀区域大气污染防治工作，原环境保护部决定在京津冀部分城市试点开展高架源排污许可证管理工作。2017 年 1 月，环境保护部发布《关于开展火电、造纸行业和京津冀试点城市高架源排污许可证管理工作的通知》，在京津冀重点区域大气污染传输通道上的"1+2"重点城市（北京市、保定市、廊坊市）开展钢铁、水泥高架源排污许可证申请与核发试点工作。从 2017 年 7 月 1 日起，现有相关企业必须持证排污，并按规定建立自行监测、信息公开、记录台账及定期报告制度。

　　健全环境影响评价制度。印发《关于开展规划环境影响评价会商的指导意见（试行）》等一系列环评制度性文件，在京津冀环境问题较为突出的区域、流域实行规划环评会商。出台《京津冀区域环评管理综合改革试点方案》，在建立京津冀统一环评工作机制等方面开展试点。完成京津冀区域战略环评工作，对《京津冀协同发展交通一体化规划》等规划依法编制环境影响篇章和说明。组织完成京津冀城际铁路网等 7 项规划的环评审查，完成北京新机场等 40 项重大项目的环评批复。2018 年，印发《关于促进京津冀地区经济社会与生态环境保护协调发展的指导意见》，提出了京津冀区域分区环境管控要求。印发《区域空间生态环境评价工作实施方案》，提出京津冀 3 省（市）要在 2019 年年底前完成"三线一单"编制。

2.2.10　积极推进雄安新区生态环境治理

　　设立河北省雄安新区，是以习近平同志为核心的党中央深入推进京津冀协同发展作出的一项重大决策部署，是千年大计、国家大事。生态环境部全面贯彻党中央、国务院关于雄安新区规划建设的一系列重要决策部署，坚定不移贯彻"世界眼光、国际标准、中国特色、高点定位"16 字方针，坚持创新、协调、绿色、开放、共享的发展理念，将生态环境保护纳入推进引导新区高质量发展全过程，统一思想、提高站位、积极作为。

建立长效机制，强化资金保障。成立"雄安新区生态环境保护工作领导小组"，与河北省政府签订《关于推进雄安新区生态环境保护工作战略合作协议》，出台《河北雄安新区生态环境保护七项重点工作督办机制》，对"散乱污"企业整治、白洋淀和唐河污水库整治等重点工作实施"一项一策"。下达中央环境保护专项资金 5.94 亿元支持新区生态环境治理，其中 5 亿元用于"洗脸工程"。积极协调有关部门将保定市纳入中央财政支持的北方地区冬季清洁取暖试点，连续 3 年每年安排专项资金 5 亿元。

全面统筹部署，抓好顶层设计。印发《关于近期推进雄安新区生态环境保护工作的实施方案》，指导编制《白洋淀生态环境治理和保护规划》《雄安新区生态环境保护规划》，出台《雄安新区及白洋淀流域水环境综合整治工作方案》，指导新区开展生态保护红线划定工作。组织制定《贯彻中共中央　国务院批复要求推动〈河北雄安新区规划纲要〉的工作方案》，根据《中共中央　国务院关于支持河北雄安新区全面深化改革和扩大开放的指导意见》"1+N"要求，研究制定《关于支持河北雄安新区深化生态环境保护领域改革创新的实施意见》。

聚焦突出环境问题，推进综合整治。开展雄安新区及白洋淀流域水环境集中整治攻坚行动，对纳污坑塘、"散乱污"企业、黑臭水体、河道垃圾、农村垃圾污水等突出环境问题进行集中排查整治。对唐河污水库环境问题进行督办。指导雄安新区土壤污染状况详查，编制新区土壤污染综合防治先行区方案。雄安新区被列为国家土壤污染综合防治先行区，率先在雄安新区完成了土壤污染状况详查，为全国土壤污染状况详查探索了经验。

严格落实责任，加强执法督查。对雄安新区生态环境保护工作开展驻点督查，重点对环境违法问题整改落实情况、雄安新区排查问题整治情况、水污染防治专项重点工程完成情况等开展督查。为加强对雄安新区环境保护工作落实情况的督查，雄安新区驻点督查组成立，以防范环境问题引发社会风险为重点，重点加强对白洋淀及周边地区的环境监管，严厉打击违法排污行为。

第3章 京津冀区域生态环境协同治理政策评估

聚焦一体化、协同治理，本研究针对大气、水、土壤 3 个领域分别回顾京津冀区域的努力过程。需要注意的是，即使由于治理对象有所不同，治理机制也许有所差异，在京津冀区域内、在国家治理体系和区域治理结构下，三大领域的协同治理也有共通之处。为了客观评价，本研究使用了政策文本量化分析方法进行了系统的政策收集、主题分析、主体关系分析、关键词分析，从而展示一体化协同治理的制度变迁、政策传导机制、治理主体结构、政策工具变迁等，进而总结京津冀区域一体化协同治理的特征、突出经验与困境，得到其主要结论。

3.1 大气污染协同治理政策文献的量化评价

从沙尘暴到雾霾，京津冀及周边地区成为我国大气污染最严重和公众关注度最高的区域。国家层面，包括京津冀区域层面的污染治理经历了从部分地区的专业防控到区域层面的综合防治的转变，制度和法律约束不断增强，市场手段不断整合和完善。从效果来看，污染形势虽然得到一定程度遏制，但京津冀的空气质量改善与公众期盼仍有较大差距。大气污染"跨界传输"现象显著存在，跨区域联防联控重要性日益突出，国家战略重视程度不断加深，制度设计不断完善。

基于区域特殊性，京津冀及周边地区的治理呈现出积极响应与高度执行的特征。依据纵向发布政策量对比，我们发现，从三大城市群的区域比较来看，京津冀的政策数量非常大，属于政策引导型的治理类型。从政策的时间变迁可以看出（图 3-1），京津冀的政策数量在 2007 年之前处于低位徘徊的萌芽阶段，2008—2012 年是府际合作加深的发展期，2013—2015 年属于区域性政策"爆炸增长"的高峰期。可以说，京津冀区域大气污染治理以奥运会筹备为显著分界，经历了"大事件推动—中央推动—地方主动探索"的变迁历程。

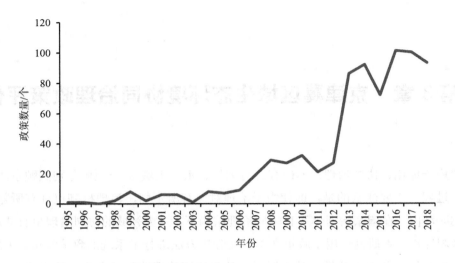

图 3-1 京津冀区域大气污染治理政策数量变迁历程

京津冀区域大气污染治理建立了约束性目标体系，有力保障了治理效果，这是特征之二。按照国务院印发的《蓝天行动》中的主要目标和任务，统计京津冀区域治理目标体系的主题词词频得到表 3-1。目标是政策制定的向导和目的，京津冀的总体目标是通过治理来"明显减少重污染天数"和"大幅减少主要大气污染物排放总量"，目标词出现频率非常高。

表 3-1 京津冀区域政策总体目标与分解目标体系

总体目标	词频数	百分比/%
大幅减少主要大气污染物排放总量	342	22.31
协同减少温室气体排放	116	7.57
进一步明显降低 PM 浓度	255	16.63
明显减少重污染天数	458	29.88
明显改善环境空气质量	119	7.76
明显增强人民的蓝天幸福感	243	15.85
明确落实各方责任，动员全社会广泛参与	4 404	12.14

京津冀大气污染治理的府际合作程度越来越高是特征之三。原环境保护部等多部门先后联合出台"大气十条"等，多部门合作治理成为京津冀区域大气污染治理的新趋势。2016 年和 2017 年连续发布由中央政府和地方政府共同颁布实施的大气污染治理政策（图3-2），标志着京津冀及周边地区大气污染治理进入了新阶段，逐步从行政区的单独治理向跨层级的区域府际合作治理转变。

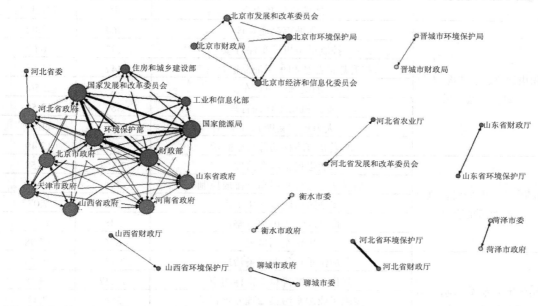

图 3-2　大气污染跨区域联合发文网络

　　政策工具整合联动性及强度高是特征之四。通过对中央发布的京津冀区域重要文件中的政策工具提取高频词，得出各个政策执行工具在目标政策中所占的百分比，发现京津冀在大气污染治理上工具手段非常全面。高强度使用的工具见表 3-2。

表 3-2　京津冀区域大气污染治理政策措施高频词统计

	政策措施和内容	词频	百分比/%
调整优化产业结构，推进产业绿色发展	严格"两高"产业和环境准入	412	11.13
	巩固"散乱污"企业综合整治成果	63	1.70
	加快淘汰落后产能	710	19.18
	调整产业布局，编制"三线一单"	892	24.10
	大力培育节能环保产业和产品	200	5.40
	深化工业污染治理	1 236	33.39
	加快推进排污许可管理	189	5.11
加快调整能源结构，构建清洁低碳高效能源体系	控制煤炭消费总量	572	12.36
	推进煤炭清洁利用	863	18.65
	加强全面整治燃煤小锅炉	951	20.55
	加快清洁能源替代利用	1 398	30.21
	扩大高污染燃料禁燃区范围	117	2.53
	推动高效清洁化供热和取暖	726	15.69

	政策措施和内容	词频	百分比/%
积极调整运输结构，发展绿色交通体系	加强城市交通管理	964	33.82
	控制城市机动车保有量	287	10.07
	提升燃油品质和车用油品监督管理	447	15.68
	加快淘汰黄标车	73	2.56
	加强机动车环保管理	387	13.58
	大力推广新能源汽车	336	11.79
	加强非道路移动源污染防治	356	12.49
优化调整用地结构，推进面源污染治理	加强扬尘综合治理	2 358	59.58
	加强秸秆综合利用和氨排放控制	396	10.01
	实施防风固沙绿化工程	280	7.07
	推进露天矿山综合整治	248	6.27
	优化空间格局	676	17.08
实施重大专项行动，大幅降低污染物排放量	加快重点行业污染治理	2 044	39.28
	强化节能减排总量指标约束	2 247	43.18
	实施工业炉窑污染治理专项行动	386	7.42
	实施 VOCs 综合治理专项行动	296	5.69
	实施秋冬工业企业错峰生产与运输	231	4.44
强化区域联防联控，有效应对重污染天气	建立区域和部门协作机制	1 719	34.95
	建立监控预警体系	1 028	20.90
	制定完善应急预案	524	10.65
	及时采取应急措施	463	9.41
	构建区域性重污染天气应急响应机制	1 185	24.09
健全法律法规体系，发挥市场机制作用	发挥市场机制调节作用	334	15.63
	完善价格税收政策	322	15.07
	拓宽投融资渠道	536	25.08
	完善法律法规标准	945	44.22
加强基础能力建设，严格环境执法督察	提高环境监管能力	1 586	28.22
	加大环保执法力度	748	13.31
	强化科技研发和推广	1 388	24.70
	全面推行和创新清洁生产	483	8.59
	大力发展循环经济	309	5.50
	促进污染源自动监控体系建设	171	3.04
	完善环境监测监控网络	935	16.64
明确落实各方责任，动员全社会广泛参与	实行环境信息公开	465	10.56
	强化企业施治	1 164	26.43
	广泛动员社会参与	933	21.19
	加强监督考核	1 842	41.83

从中可以总结出主要工具如下：

（1）调整优化产业结构，推进产业绿色发展。措施主要为淘汰落后产能、工业污染治理、"双高"产业管制和调整产业布局、推进排污许可管理等。由于京津冀的经济发展不平衡，其在深化工业污染治理的同时，侧重于通过把控产业准入源头、压缩过剩产能、淘汰落后产能和调整产业布局来不断深化供给侧改革。

（2）加快调整能源结构，构建清洁低碳高效能源体系。京津冀的能源结构利用以煤为主，因此能源体系优化措施中高频政策主要围绕减煤：①推动风能、核电能、太阳能、生物质能、地热能以及热电联产的运用来推动清洁能源利用以改善能源结构；②通过加强排查、淘汰、低氮改造、生物质锅炉整治和热力燃气管网建设来全面整治燃煤锅炉，提升能源效率。

（3）积极调整运输结构，发展绿色交通体系。京津冀区域的日常生活和交通运输是大气污染的重要源头。在加强交通污染控制上，京津冀推行统一的机动车和油品标准。高频措施主要为查处机动车超标排放行为、非道路移动源污染防治、淘汰黄标车以及成立机动车排放工作协调小组。

（4）优化调整用地结构，推进面源污染治理。近年来，区域大气污染的排放中呈现移动源、扬尘源贡献率上升的趋势。京津冀在此方面的主要政策工具有：①通过工地、城市、堆场和道路的降尘防尘与监管来加强扬尘综合治理；②严格控制秸秆露天焚烧和推进露天矿山综合整治；③通过城市总体规划以及功能区定位来优化空间布局。

（5）实施重大专项行动，大幅降低污染物排放量。由于污染成因复杂，近年来区域的大气整治已经转向精细化的专项治理。京津冀的高频行动落实在重点行业污染治理和行业排放清单与指标建设上，以此控制化工、电力、印刷、水泥、钢铁、平板玻璃、船舶、有色金属行业的 SO_2、NO_x、挥发性有机物、粉尘、PM 等排放量。

（6）强化区域联防联控，有效应对重污染天气。高频政策主要为：①建立区域和部门协作机制，包括建立联合的领导机制、环评会商、综合执法、信息共享、统一监管等制度；②以大事件为导向，构建区域性重污染天气应急响应机制和预案，实施重污染天气的区域会商、通报和应急预警预报机制，并通过短时期内的限产、停产、停业达到减排效果。

（7）健全法律法规体系，发挥市场机制作用。主要措施为：①完善法律法规、标准，包括各项标准、限值；②拓宽投融资渠道，对大气专项的资金投入、预算、成本进行科学评估；③加大经济政策支持力度和发挥市场调节作用，包括建立企业台账、环境保护税、生态补偿、环评考核、奖励、排污许可证制度等。

（8）加强基础能力建设，严格环境执法督查。基础设施是发挥治污能力和提升治污效率的载体，而执法则是控制治污效果的抓手。此方面的高频措施有：①强化科技研发和推广，既要促进技术知识的积累和改进，又要推行生产工艺、技能的改造与更新，为产业和能源结构优化奠定基础；②提高环境监管能力，完善环境监测监控网络，加强对污染源和违法行为的监督监控，提出要促进污染源自动监控体系建设；③增强执法力度，提高违法成本。

（9）明确落实各方责任，动员全社会广泛参与。引入社会参与是促使全民行动治理大气污染的重要手段，高频使用的政策有广泛社会参与、加强宣传教育和强化信息公开等。

从工具使用强度来看，京津冀区域采用"监管导向"的管理型治污，同时对末端控制工作比较重视，也开始注重通过完善的机制构建和法规的制定来推动产业进阶、能源优化和技术进步等。通过与长三角地区对比，可以发现，长三角地区偏向于"问题导向"的工程型治污，通过推动产业、运输和能源结构调整等直接的源头控制措施来贯彻治理目标。

3.2 水污染协同治理政策文献的量化评价

目前京津冀区域严重的水污染、受损的水生态和短缺的水资源问题交织在一起造成了区域内持久化的水危机，水安全问题已经成为区域一体化的焦点。京津冀区域较早开展了区域层面的水污染协同治理。

从中央政策发布时间来看，水污染治理政策演进大致可分为 3 个阶段——2000 年之前、2000—2014 年、2014 年之后。在第一个阶段，有关水污染治理的相关政策比较少且零散；在第二个阶段，政策发布数量明显增多，这一时期国家印发了多个重点流域的水污染防治计划，并开始重视城市水环境、地下水等各个领域的水污染防治，如从 2000 年开始的"三河三湖"的水污染防治计划、2012 年的《重点流域水污染防治规划（2011—2015 年）》等；在第三个阶段，政策发布数量进一步增多，从 2015 年开始水污染治理政策成体系大量发布。其中，京津冀区域对水污染问题的关注是从 2015 年才大量出现的（表 3-3、图 3-3）。

表 3-3 国家及京津冀区域水污染治理重要政策梳理

时间	文件名称	主要内容
1984.5	《中华人民共和国水污染防治法》	标志着水污染治理的开始
1988.3	《水污染物排放许可证管理暂行办法》	提出通过发放水污染物排放许可证进行水污染治理
2000.3	《中华人民共和国水污染防治法实施细则》	对《中华人民共和国水污染防治法》进行了细化

时间	文件名称	主要内容
2000.11	《国务院关于加强城市供水节水和水污染防治工作的通知》	开始重视城市水污染防治
2002.5	国家环境保护总局办公厅《关于开展全国水环境功能区划汇总工作的通知》	提出通过水环境功能区划控制水污染物排放
2003.1	《排污费征收使用管理条例》	开始运用市场手段治理水污染,通过征收排污费防治水污染
2003.5	《关于印发〈海河流域水污染防治"十五"计划〉的通知》	针对海河流域的区域性水污染防治计划
2006.11	《国家环境保护总局关于印发〈主要水污染物总量分配指导意见〉的通知》	通过总量控制对水污染进行管理
2008.4	《关于印发〈淮河、海河、辽河、巢湖、滇池、黄河中上游等重点流域水污染防治规划(2006—2010年)〉的通知》	国家开始重视重点流域水污染治理,并制定了相应规划
2011.10	《环境保护部关于印发〈全国地下水污染防治规划(2011—2020年)〉的通知》	国家开始重视地下水污染防治
2012.5	《环境保护部、发展改革委、财政部、水利部关于印发〈重点流域水污染防治规划(2011—2015年)〉的通知》	国家对重点流域水污染防治进一步规划
2013.10	《城镇排水与污水处理条例》	对城镇水污染进一步重视
2014.8	《国务院办公厅关于进一步推进排污权有偿使用和交易试点工作的指导意见》	运用市场手段,通过排污权有偿使用与交易来动态管控水污染
2015.4	《国务院关于印发水污染防治行动计划的通知》	即"水十条",是新时代水污染治理的纲领性文件
2016.11	《国务院办公厅关于印发控制污染物排放许可制实施方案的通知》	进一步完善污染物排放许可证制度
2016.7	《中华人民共和国水法》(2016修正)	以法律的形式对水资源的使用、保护进一步明确
2017.6	《中华人民共和国水污染防治法》(2017修正)	以法律的形式促进水污染防治的严格执行
2017.10	《环境保护部、国家发展和改革委员会、水利部关于印发〈重点流域水污染防治规划(2016—2020年)〉的通知》	国家对区域性水污染防治进一步深化
2017.11	《关于做好环境影响评价制度与排污许可制衔接相关工作的通知》	通过环境影响评价机制与排污许可制的衔接配合,共同管控水污染

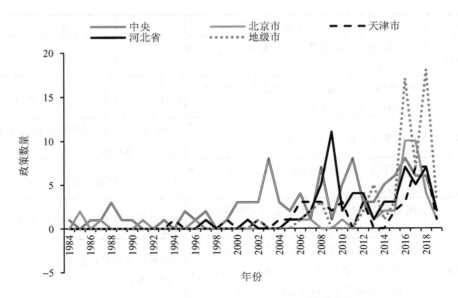

图 3-3 国家及京津冀区域水污染治理政策数量对比

按照国务院印发的"水十条"中的主要目标和任务，得到京津冀水污染防治的目标体系。目标是政策制定的依据，京津冀水污染治理以阶段性改善水环境质量为核心，确保大幅减少污染严重水体、提升饮用水安全、初步遏制地下水污染加剧趋势、控制地下水超采等，按照"节水优先、空间均衡、系统治理、两手发力"的基本思想，对江河湖海实施分流域、分区域、分阶段科学治理。在分解目标中，京津冀区域在国务院总体指导下，更加强调了保证饮用水安全、深化水环境质量、推进农业农村污染防治、开展水生态保护、深化京津冀水污染联保联治、完善水环境管理机制等方面的工作。

目前京津冀 3 省（市）为改善区域内水环境所做出的努力，主要集中在 3 个方面：跨省市水资源调配、水污染防治联动机制和跨省市流域综合治理。

（1）跨省（市）水资源调配。2014 年，水利部发布《京津冀协同发展水利专项规划》，规划提出，建立京津冀区域水资源统一调配管理平台，创新水利管理机制体制，通过市场力量实现水资源的合理调配。近年来，北京市与河北省、山西省建立了集中的输水联动机制，这种三地协同发展的机制提高了北京市的用水保障能力。同时，北京市与河北省建立全国首个跨域再生水调水工程和联合供热工程，实现区域内的互利共赢。

（2）水污染防治联动机制。2015 年，京津冀三地环保部门联合签署《水污染突发事件联防联控机制合作协议》。2016 年，由国家发展和改革委员会牵头，在北京、天津、河北、山西、内蒙古、山东和河南 7 省（市）的共同努力下，成立了京津冀及周边地区的水污染防治协作小组，建立了长效的应对水污染突发事件的协作机制。2019 年，由水利部海河水利委员会牵头，下发《京津冀省际边界河流水行政联合执法与巡查制度（试行）》，明确了京津冀省际边界河流联合执法巡查和联合执法检查的定义，明确京津冀水利部门联动治理的适用范围和对象，推动京津冀各级水行政主管部门形成合力优势，为坚决查处各类跨界水事违法行为提供有力保障，这标志着海河流域京津冀水行政联合执法机制的建立。同时，京津冀区域开始尝试通过市场化手段消除水污染外部性，利用流域生态补偿机制打破属地管理限制，例如，津、冀在 2017 年签订了《关于引滦入津上下游横向生态补偿的协议》。

（3）跨省市流域综合治理。从"十五"开始，国家开始关注流域的水污染防治，多部门联合印发了多个重点流域水污染防治规划。2015 年，环境保护部、国家发改委等多部门共同编制了"水十条"，但联合发文停留在单层级部门合作层面，跨层级的政策协作还很少。京津冀水污染的区域府际合作治理程度还很低，远不及大气污染治理。2015 年京津冀三地签署《京津冀区域环境保护率先突破合作框架协议》，统筹立法、规划、标准、监测等联防联控制度，进行三地的大气、水、土壤污染整治。2017 年，京津冀和晋蒙部分区域共同参与制定了《永定河治理与生态修复总体方案》，通过综合治理和上下游联动恢复永定河的生态、防洪等主要功能。

但这其中也存在诸多问题：①京津冀区域水污染治理方面发布的政策主要是北京市、天津市和河北省三地响应中央的政策，区域性的机构只有京津冀及周边地区水污染防治协作小组，采取的是联席会议的形式，应对水污染协同治理的及时性与长期性效果不足，缺乏一个权威性的机构引导三地水污染治理方面的合作。②京津冀三地政府在水污染治理方面存在一定的横向政策协同，建立起了初步的生态补偿机制。但三地的政策仍主要从各自属地出发，对所辖区域的环境负责，存在一定的属地管理现象。而且由于三地的经济发展水平不同，各自的水污染治理目标与标准也存在一定差异，对于补偿标准没有统一法律和政策规制，相关利益主体间的补偿机制和核算标准也没有统一划归，造成三地水污染治理的横向协同存在一定困难。③京津冀区域仍未尝试建立区域联动的水权市场，无法通过市场化手段提高流域内生活用水、工业用水和生态水资源的使用效率。

3.3　土壤污染治理政策文献的量化评价

京津冀区域是我国粮食的主产区之一，农业生产导致的土壤污染危机尚未得到有效解决，同时部分土壤污染源随着重污染企业的迁移而扩散，造成了跨区域的土壤污染问题。我国关于土壤污染跨区域防治机制的研究与立法起步较晚，以 2000 年发布的《水土保持生态环境监测网络管理办法》为起点，京津冀土壤污染以及空间管控的相关政策的制定开始起步。环境保护部在"十一五"期间开展了全国土壤污染状况调查以及土壤环境质量标准修订工作。"十二五"期间立法进程加快，发布了一系列土壤污染防治政策，从规划编制、修复试点示范等方面进行部署。

根据梳理出的 2000—2019 年的关于土壤污染治理的 150 个政策文本（涵盖了中央、地方的法律法规、空间规划、决定、意见、办法以及细则、条例等直接相关的政策条目），从土壤污染治理政策文件的措施与目的维度进行分析，可以发现：在 2011 年之前，相关政策主要着眼于土地如何作为资源利用的问题；而在 2016 年之后，开始针对如重金属污染等专项问题进行整治。2016 年可以作为土壤污染治理领域的一个转折点，国务院颁布了"土十条"和《"十三五"生态环境保护规划》。

"土十条"印发后，多部门合作治理趋势开始出现。2017 年和 2018 年中央政府和地方政府连续发布多项土壤污染防治政策，具有高度的同步性，京津冀区域土壤污染治理开始逐步从各自独立的治理走向共同治理。但也要注意，相对大气和水污染治理，直到 2019 年在土壤污染治理领域多部门联合发文数占总发文数的比例仍然不高。

在京津冀区域，土壤污染防治政策工具以管制型工具为主导的格局较为明显，而北京市运用的市场型与混合型工具更多，也更注重生态修复技术的研发与应用（表 3-4）。政府开始关注用地的空间管控与分区治理，不仅关注农用地污染，也将建设用地的污染防治提上日程，其标志是京津冀三地相继出台国土空间规划与环境监察政策，初步建立起联防联控的政策机制。

表 3-4　土壤污染防治政策工具分类

工具类型	政策工具	源头防控				末端治理		
		政策领域						
		产业结构	技术创新	能源结构	运输结构	用地结构	综合管理/联防联控	总量减排
管制型政策	土壤环境质量调查							
	监测网络					*		
	信息化管理平台							
	构建标准体系							
	法规管制	*		*	*	*	*	
	划定农用地质量类别					*		
	规划保护	*				*		
	产业控制							
	退耕还林还草、休耕					*	*	
	控制农药使用量							*
	调查评估建设用地土壤环境					*		

工具类型	政策工具	源头防控				末端治理		
		政策领域						
		产业结构	技术创新	能源结构	运输结构	用地结构	综合管理/联防联控	总量减排
管制型政策	建设用地用途管制					*		
	落实监管责任							
	关停严重污染企业						*	
	强化重金属污染安全处置						*	
	修复污染地块						*	
	完善管理体制							
	专项资金					*	*	
	综合防治先行区							
市场型政策	奖励农村环境连片整治						*	
	推动治理与修复产业发展							
	基金支持企业技术改造		*					
	激励农业防污							
	政府购买						*	
	发行债券							
混合型政策	鼓励农民增施有机肥、改良农业设施		*					
	鼓励垃圾分类投放							
	环保标志							
	加强土壤污染防治研究		*				*	
	推广技术应用		*				*	
	社会监督							
	公众参与						*	
	公益诉讼						*	
	宣传教育						*	

2019 年 5 月，中共中央、国务院印发了《关于建立国土空间规划体系并监督实施的若干意见》，为深入贯彻落实若干意见，自然资源部印发了《关于全面开展国土空间规划工作的通知》（自然资发〔2019〕87 号），对国土空间规划各项工作进行了全面部署，全面启动国土空间规划编制审批和实施管理工作。其中一项重点工作就是结合主体功能区划分，科学评估既有重要控制线划定情况，进行必要调整完善，并纳入规划成果，这要求各级政府对生态保护红线等各类红线、底线、上限做出更加严格的管控要求，也让土壤污染防治成为区域生态屏障建设的重要工作内容。

综上所述，从整体上看，我国区域土壤污染治理机制与空间管控协同机制正处于起步阶段，通过中央政府强力的政策部署带动，区域与地方开展了若干项土壤污染防治工作，因此整体上表现为"自上而下"的政治动员模式。各地区在政策制定、执行和监督的措施和方法上具有一定程度的一致性特征，且三地的土壤污染防治联动机制与空间管控协同机制的工作重心在于国土空间规划的落实和土壤污染的监控联动。值得指出的是，三地在土壤污染防治联动方面基本局限于监察、预警和土地利用规划，对产业、农业等污染源没有形成联合管控机制。

3.4 京津冀区域生态环境保护体制机制创新

从上述分析可以看到，京津冀区域的生态环境治理和保护协同创新进入系统化阶段，尤其在大气污染治理领域体现为目标—法律—政策—工具协同创新性与领先性，并统合体现为联防联控协同机制创新。具体表现为：①确立协同性目标体系；②建立区域生态环境保护协作机制、跨区域的联合监察执法机制、水资源统一调配制度、区域应急协调联动机制、污染联防联控工作机制；③完善政策法规体系，协同推进生态文明试点示范、统一完善区域环保标准、完善生态用地政策；④加强制度创新，实行排污权交易试点、推行第三方治理、建立健全环境保护信用机制、建立生态补偿机制等。下文重点以大气污染治理的机制创新为例来详细说明。

（1）"压力型体制"下总量目标责任机制

近年来党中央、国务院高度重视京津冀环境污染治理工作，通过中央层面的"小组"机制，形成了"层级加压、自上而下"的政策执行过程框架。自2013年以来制定了严格的目标考核办法，北京市、天津市和河北省都制定了阶段性的污染物总量控制目标，各地方政府发布的《北京市2013—2017年清洁空气行动计划》《天津市清新空气行动方案》《北京市水污染防治条例》等确定了污染改善目标、工程和行动计划。以大气污染为例，"大气十条"提出了京津冀区域大气污染物的排放目标，并提出需要以6项污染物达到《环境空气质量标准》（GB 3095—2012）浓度限值作为目标（表3-5）。此外，由于三地的经济发展水平不同，各自的水污染治理目标与标准也存在一定差异，造成三地污染治理的横向协同存在一定困难。

表 3-5 京津冀三地 $PM_{2.5}$ 年均质量浓度控制目标对比

	2013 年	2015 年	2017 年	2020 年	2025 年	2030 年
北京	89	81	60	55	42	35
天津	96	70	60	53	40	32
河北	108	77	67	56	43	35

（2）正向激励导向下完善投入保障机制

治理工作需要聚集各方资源，保障治理效果的连贯性，因此需要资金的正向激励，同时也需要调动多元社会主体的积极性。根据京津冀环境保护部门的部门收支预算、决算表，京津冀在节能环保方面投入较大（图3-4）。资金是贯彻落实污染治理措施和平衡各方利益的重要支撑，但目前经济多极化、发展不均衡等问题导致资金投入难以平衡。可以看出北京近年来在污染治理中付出大量努力，环保节能的投资数快速增加，但是天津市存在投资下降的趋势，而河北省的环保节能决算数处于三地最低水平。

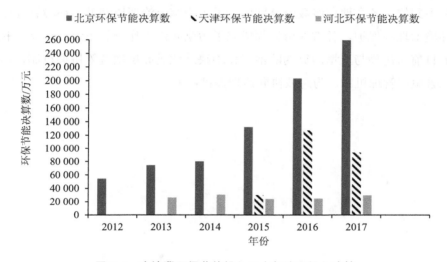

图3-4　京津冀环保节能投入及大气治理投入决算

（3）"试点—推广"的运行协调机制

在政策试行与推广、创新方面，京津冀形成了"试点—反馈—再试点—再反馈—推广"的执行路径，形成了具有科学性和适应性的政策体系，可以避免重大的政策失误、减小政策执行的阻力。但是，随着环境问题的紧迫性加剧，政策扩散的加速措施与政策创新机制需要探索。例如，北京市形成了以总量排放标准为主体的标准体系，排放控制之严居全国各省市前列，多个标准均严于国家标准，基本与国际先进水平接轨。天津市至 2017 年污染防治地方标准达 16 项，制定了严格的排放标准。但是河北省当前执行的污染排放标准多数是 20 世纪 90 年代发布实施的，修订工作严重滞后。虽然其在承接京津产业、升级清洁技术和淘汰落后产能等方面做出积极努力，但环境标准和政策规制仍然宽松，且在排污费、大农村治理、污水垃圾处理、污染源信息公开程度等政策方面进程远远落后于京津，值得进一步探索改进机制。另外，值得注意的是，水污染方面出台的《关于引滦入津上下游横向生态补偿的协议》《永定河综合治理与生态修复总体方案》《京津冀重点流域突发水环境污染事件应急预案（凤河—龙河流域）》等都处于试点阶段，整体的推广政策较少。

（4）不断升格的组织管理机制

京津冀联防联控机制进入更高层级的国家战略是治理效果的重要保障，2018年国务院将京津冀及周边地区大气污染防治协作小组升格为京津冀及周边地区大气污染防治领导小组，由国务院副总理韩正担任组长。而水污染治理方面只有京津冀及周边地区水污染防治协作小组，采取的是联席会议的形式，应对水污染协同治理的及时性与长期性效果不足，缺乏一个权威性的机构引导三地水污染治理方面的合作，纵向的水污染协同治理做得并不到位。各个地市级政府分别成立了污染综合治理协调处、环境管理处等负责各地的环境治理与保护，各省（市）都成立了污染防治工作领导小组，建立了联席会议制度，但目前水污染与土壤污染的防治工作均缺乏此类高层次统筹协调机制，需要不断升级与完善组织管理机制，为跨域协同治理提供保障。

第4章 区域生态环境政策实施费用效益评估分析

生态环境政策的费用效益分析（Cost Benefit Analysis，CBA）是对生态环境政策制定和实施后对经济社会发展和生态环境等方面所产生的费用及效益进行科学评判的一种行为。对京津冀区域生态环境政策的费用效益评估有利于提高京津冀区域政策制定的科学性和有效性，充分发挥生态环境保护推动区域协同与高质量发展的重要作用。本章以京津冀区域黄标车淘汰政策、"大气十条"、《蓝天行动》等政策措施为对象，对黄标车淘汰政策、"大气十条"实施的费用、环境效益、健康效益、经济影响等进行了评估，对《蓝天行动》实施的费用效益进行了预评估。

4.1 京津冀区域黄标车淘汰政策的费用效益分析

我国机动车保有量正在逐年高速增长。而机动车尾气排放已成为我国大气污染物的重要来源，是造成灰霾、光化学烟雾污染的重要原因。在北京和上海等特大型城市以及东部人口密集区，机动车尾气对$PM_{2.5}$质量浓度的贡献达到30%左右，在极端不利的天气条件下，贡献甚至会达到50%以上。同时，机动车大多行驶在人口密集区域，汽车尾气排放直接威胁人民群众身体健康。2014年全国黄标车保有量为984.2万辆，占汽车保有量的6.8%。而2014年黄标车的一氧化碳（CO）、碳氢化合物（HC）、NO_x、PM排放量，却分别占机动车排放量的45.4%、49.1%、47.4%、74.6%。2013年，我国实施"大气十条"，淘汰黄标车是该计划的重要措施。有关黄标车淘汰的研究多见于"大气十条"的整体研究中，并未有黄标车淘汰政策评估的研究。本研究以京津冀区域黄标车淘汰政策为对象，采用费用效益分析方法，分别从政策的费用、效益、经济影响等方面全面客观地量化分析该项政策的影响。

4.1.1 方法与数据来源

4.1.1.1 范围界定

黄标车淘汰政策主要有淘汰补贴政策和禁行政策等，故需要对黄标车淘汰政策的补贴政策和禁行政策分别进行费用效益分析。全国各省（区、市）在不同时间段启动各自的黄标车淘汰政策，存在着补贴启动时间、补贴标准、禁行启动时间、禁行范围等方面的诸多不同，而京津冀区域是我国黄标车淘汰政策启动时间最早、淘汰过程最复杂、污染物减排最多、环境质量效果改善最显著的地区，故确定研究范围为京津冀区域。

（1）补贴政策

机动车的购买、使用到逐步淘汰是一个自然形成的过程，黄标车提前淘汰补贴政策的实施主要是为了加速机动车的整个过程，其相当于提前淘汰机动车（缩短机动车使用寿命）。因此，设置两个情景。基准情景为机动车自然淘汰，情景1为实施黄标车提前淘汰政策（包含机动车自然淘汰）。由于本研究是政策实施后评估，机动车自然淘汰的情景下可以采用京津冀区域当年的实时数据。表4-1为黄标车淘汰情景说明。表4-2是黄标车提前淘汰补贴政策的影响矩阵，主要从不同对象角度分别解析补贴政策的影响。

表 4-1　黄标车淘汰情景

情景分类	情景说明
基准情景	黄标车自然淘汰
情景 1	黄标车提前淘汰补贴，带来的黄标车加速淘汰

表 4-2　黄标车提前淘汰补贴政策影响矩阵

对象	正影响	负影响
政府	—	①补贴成本；②管理成本
居民	①补贴收入；②环境（健康）效益	①黄标车残值损失；②购买新车支出
企业	售卖新车收入	—
全社会	环境（健康）效益	①管理成本；②黄标车残值

黄标车提前淘汰补贴政策是由政府制定实施的。其政策目的是通过淘汰高污染的黄标车来降低机动车尾气排放所带来的大气污染，从而达到大气污染治理目标。对不同的对象拥有不一样的成本与效益。从整个社会成本考虑，黄标车提前淘汰补贴政策所产生的成本为监督管理成本（政府支出）、淘汰黄标车的残值（个人支出）等，其效益为环境效益以及由此带来的健康效益。从政府角度看，黄标车提前淘汰补贴政策的成本为黄标车补贴、管理成本。而居民角度的黄标车提前淘汰政策的成本为淘汰黄标车的残值、购买新车产生的成本，其效益则是黄标车补贴、环境效益以及健康效益。对企业而言，该政策对其来说是一项利好政策，其效益为居民购买新车的支出。

（2）禁行政策

黄标车禁行政策是黄标车淘汰政策的重要组成之一。由于黄标车淘汰任务的逐步加多，为了更好地实现大气污染治理目标，限制甚至禁止黄标车上路行驶成为黄标车淘汰政策的必由之路。京津冀三地黄标车禁行政策的禁行时间和范围、任务完成情况等方面均存在较大差异，因此需要对京津冀三地的黄标车禁行政策的成本和效益分别进行区分和计算。表 4-3 是黄标车禁行政策的影响矩阵，主要从不同对象角度分别解析禁行政策的影响。

表 4-3　黄标车禁行政策影响矩阵

对象	正影响	负影响
政府	—	管理监督成本
居民	①环境（健康）效益； ②交通工具禁行节省的费用	换乘其他交通工具的费用
企业	—	—
全社会	①环境（健康）效益； ②交通工具禁行节省的费用	①管理监督成本； ②换乘其他交通工具费用

从整个社会成本考虑，黄标车禁行政策所产生的成本为管理监督成本、换乘其他交通工具的费用，其效益为环境（健康）效益和交通工具禁行节省的费用。从政府角度看，黄标车禁行政策的成本为管理成本。居民角度的黄标车禁行政策的成本为换乘其他交通工具的费用，而其效益为环境（健康）效益和交通工具禁行节省的费用。对企业而言，黄标车禁行政策对其没有影响，并不产生成本或效益。

4.1.1.2　技术路线

在环境政策的费用效益分析技术框架下，以京津冀区域黄标车淘汰补贴政策和禁行政策的实施为例，运用社会总成本法计算费用，排放因子法和空气质量模型法计算环境效益，环境健康评估方法计算健康效益，投入产出方法计算经济社会影响，对黄标车淘汰政策的费用效益及经济影响进行测算。技术路线如图 4-1 所示。

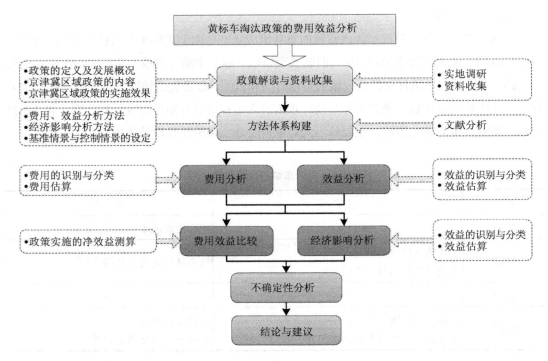

图 4-1 黄标车淘汰政策的费用效益分析框架

4.1.1.3 费用评估方法

（1）黄标车残值 C_{cv}：中小车型的黄标车残值主要是相应车型的黄标车淘汰补贴金额，大型黄标车需提高黄标车淘汰补贴标准以便更符合现实市场，即

$$C_{cv} = P_{sm} \times V_{sm} \times (1-\sigma) + P_{bc} \times V_{bc} \times (1-\sigma) \tag{4-1}$$

式中：C_{cv} 为黄标车残值，元；C_{sm} 为中小车型的黄标车残值，元；C_{bc} 为大型黄标车残值，元；P_{sm} 为中小车型的黄标车残值标准，元/辆；V_{sm} 为中小车型黄标车数量，辆；P_{bc} 为大型的黄标车残值标准，元/辆；V_{bc} 为大型黄标车数量，辆；σ 为机动车自然淘汰率，%。

（2）机动车自然淘汰率 σ：

$$\sigma = \frac{V_{i-1} + V_x - V_i}{V_i} \tag{4-2}$$

式中：σ 为机动车自然淘汰率，%；V_{i-1} 为第 $i-1$ 年机动车保有量，辆；V_x 为第 x 年机动车新增注册保有量，辆；V_i 为第 i 年机动车保有量，辆。

（3）京津冀区域的补贴金额 C_{pi}：

$$C_{pi} = \sum_{t=1} \sum_{j=1} P_{tji} \times V_{tji} \qquad (4\text{-}3)$$

式中：C_{pi} 为 i 地区黄标车提前淘汰的补贴金额，元；P_{tji} 为 i 地区车型 j 在时间段 t 的补贴标准，元/辆；V_{tji} 为 i 地区车型 j 在时间段 t 的淘汰车辆数量，辆；i 分别表示北京、天津、河北。

（4）京津冀区域黄标车中各车型数量：

$$V_{jt} = V \times \frac{H_{jt}}{H} \qquad (4\text{-}4)$$

式中：V_{jt} 为车型 j 在时间段 t 的黄标车淘汰数量，辆；V 为黄标车淘汰总数量，辆；H_{jt} 为车型 j 在时间段 t 的车辆数量，辆；H 为环境统计中机动车总数，辆。

（5）购新车成本 C_n：买车系数与平均买车成本的乘积减去领取的补贴金额。

$$C_n = \alpha \times C_g - C_p \qquad (4\text{-}5)$$

式中：C_n 为购新车成本，元；α 为领取到补贴后买车的比例系数；C_g 为领取到补贴后平均买车成本，元；C_p 为补贴金额，元。

（6）领取到补贴后平均买车成本 C_g：

$$C_g = \sum_{i}^{1} C_i \times \lambda_i \times V \qquad (4\text{-}6)$$

式中：C_i 为第 i 类购新车成本，i 为 1、2、3，元/辆；λ_i 为第 i 类购新车成本的比例系数，i 为 1、2、3；V 为黄标车淘汰总数量，辆。

（7）禁行成本 C_d：换乘其他交通工具的费用，是禁行的黄标车数量、每辆机动车的平均乘载率与换乘其他交通工具出行费用的乘积，即

$$C_d = \theta \times V_d \times P_b \times M \qquad (4\text{-}7)$$

式中：C_d 为禁行成本，元；θ 为每辆机动车的平均乘载率，人/辆；V_d 为禁行的黄标车数量，辆；P_b 为每人年均公共交通出行费用，元/（人·km）；M 为机动车年均行驶里程，km。

4.1.1.4　效益评估方法

4.1.1.4.1　环境效益

（1）污染物总量减排效益

根据《道路机动车大气污染物排放清单编制技术指南（试行）》（以下简称《指南》）和《城市机动车排放空气污染测算方法》（以下简称《方法》）等技术性指导文件，测算

京津冀区域黄标车淘汰政策下的污染物减排量，将其作为污染物总量减排效益。根据《指南》要求，采用排放因子法计算正常行驶的黄标车的污染物排放量，将其作为淘汰该车的减排量。

1）黄标车尾气污染物年排放量

机动车尾气污染物排放量的排放因子法见式（4-8）：

$$E_i = \sum i P_i \times EF_i \times VKT_i \times 10^{-6} \tag{4-8}$$

式中：E_i 为京津冀区域第 i 类机动车对应的 CO、HC、NO_x、$PM_{2.5}$ 和 PM_{10} 的年排放量，t（本研究只将国一前机动车排放量作为黄标车减排量）；EF_i 为第 i 类机动车行驶单位里程所排放尾气中的污染物的量，即排放因子，g/km（排放因子根据北京、天津、河北各地实测数据确定；若没有实测数据，则结合三地实际自然气候状况和机动车情况，采用下文的排放因子确定方法计算）；P_i 为所在地区第 i 类机动车的保有量，辆（本研究只统计京津冀三地的黄标车淘汰量）；VKT_i 为第 i 类机动车的年均行驶里程，km/辆。i 代表不同污染控制水平的机动车类型。

2）排放因子 EF_i 的确定

排放因子 EF_i 根据机动车类型确定，不同地区、不同控制水平、不同类型机动车排放因子不同。

$$EF_{i,j} = BEF_i \times \Psi_j \times \gamma_j \times \lambda_i \times \theta_i \tag{4-9}$$

式中：$EF_{i,j}$ 为第 i 类车在 j 地区的排放系数；BEF_i 为第 i 类车的综合基准排放系数；Ψ_j 为 j 地区的环境修正因子；γ_j 为 j 地区的平均速度修正因子；λ_i 为第 i 类车辆的劣化修正因子；θ_i 为第 i 类车辆的其他使用条件（如负载系数、油品质量等）修正因子。本研究只需根据京津冀实际情况确定黄标车（国一前）的修正排放因子。

①综合基准排放系数 BEF 的确定

《指南》给出了汽油车和柴油车、其他燃料类型的综合基准排放系数 BEF，详见《指南》中 3.3.1 的环境效益计算相关系数。该综合基准排放系数的确定基于全国 2014 年各类车辆类型在平均累积行驶里程和典型城市行驶工况（30 km/h）、气象条件（温度为 15℃，相对湿度为 50%）、燃油品质（汽油和柴油硫含量分别为 50 ppm 和 350 ppm，汽油无乙醇掺混）和载重系数（柴油车典型工况载重系数为 50%）等情景。具体计算时可以在京津冀区域各城市调研实际情况后或者参考京津冀区域相关资料及研究文献，确定更有地区针对性的排放系数。

②环境修正因子 Ψ_j 的确定

环境修正因子包括温度修正因子、湿度修正因子和海拔修正因子三部分，其修正公

式如下:

$$\Psi_j = \Psi_{\text{Temp}} \times \Psi_{\text{RH}} \times \Psi_{\text{Height}} \tag{4-10}$$

式中: Ψ_{Temp} 为温度修正因子; Ψ_{RH} 为湿度修正因子; Ψ_{Height} 为海拔修正因子 [京津冀区域北部和东北部多山,海拔为 300~600 m;中部为燕山山前平原,海拔在 50 m 以下,地势平坦;南部和西部为滨海盐碱地和洼地草泊,海拔在 15 m 以下。高海拔(1 500 m 以上)地区的气态污染物排放需要修正,京津冀海拔相对较低,不用进行高海拔修正]。温度、湿度修正因子见《指南》中 4.2.3 环境效益计算相关系数。表中未列出的,为不需要进行此项修正的污染物或车型。本研究的京津冀机动车排放清单以年为时间尺度进行计算,因此温度和湿度的选取以多年平均气温和湿度为依据。

③道路交通状况修正因子 γ_j 的确定

道路交通状况修正因子根据当地车辆平均行驶速度确定,分为<20 km/h、20~30 km/h、30~40 km/h、40~80 km/h 和>80 km/h 四个速度区间。京津冀各市的平均行驶速度根据各地实际调研或者统计数据计算获取。公交车通常按照<20 km/h 进行修正。具体的修正因子见《指南》4.2.3 环境效益计算相关系数。

④劣化修正因子 λ_i 的确定

以 2014 年为基准,利用劣化修正因子对 2015—2018 年的各类车辆进行劣化修正。具体因子见《指南》4.2.3 环境效益计算相关系数。本研究涉及的京津冀黄标车淘汰政策,为"十一五""十二五"期间的政策,可根据《指南》4.3.2.2 节数据进行 2015 年排放因子的劣化修正。

⑤其他使用条件 θ_i 的确定

其他使用条件修正主要考虑实际油品含硫量、乙醇汽油的乙醇掺混度和柴油车载重对机动车污染物排放的影响。由于机动车 SO_2 排放量较低,乙醇汽油的乙醇掺混度数据难以获取,且乙醇汽油的乙醇掺混度和柴油车载重对排放因子影响不大,所以本研究不进行相关修正。

3)活动水平的确定

主要是确定京津冀区域各市淘汰的黄标车数量及其年均行驶里程 VKT。淘汰黄标车的数量、车型、所属地等数据可从当地生态环境部门(机动车年检数据库)或交管部门获得;如不能获取,则从 3 省(市)环境统计、污染源普查、统计年鉴等数据库中获取相关辅助信息。本研究对不同燃料类型的不同车型分别计算。结合京津冀各市不同车型的黄标车淘汰量,估算各燃料类型黄标车淘汰量。年均行驶里程 VKT 采用《指南》的经验值。

（2）环境质量改善效益

本研究依据 MEIC 清单及利用京津冀区域相关年份环境统计数据建立的污染物排放清单、WRF 模式提供的三维气象场，利用第三代空气质量模型 CMAQ 进行黄标车淘汰的环境质量改善效益估算。

4.1.1.4.2 健康效益

根据环境健康价值评估理论，大气污染物控制的健康效益的评估思路通常分为两个步骤，首先分析并估算大气污染物浓度降低带来的各个健康终端的健康效应变化（环境健康风险评估），然后对该健康效应进行货币化评估（环境健康价值评估），计算健康改善带来的经济效益。

考虑到京津冀区域黄标车淘汰政策内容及实施效果的差异，在本研究中将对北京、天津及河北各城市分别测算健康效益。黄标车淘汰政策的环境效益测算的时间范围为各城市政策实施起始年至 2015 年。通过模拟和测算基准情景、控制情景中各城市每年的 PM$_{2.5}$ 质量浓度，根据暴露人口，应用暴露—反应关系模型确定不同情景下大气污染的健康效应，并对健康效应进行货币化。最后按城市分别汇总效益测算结果，估算出京津冀各城市实施黄标车淘汰政策的健康效益。

（1）环境健康风险评估方法

1）影响健康的空气污染因子

机动车排放的废气中含有 150～200 种不同的化合物，由于机动车废气的排放主要在近地面 0.3～2 m，恰好是人体的呼吸范围，对人体的健康损害非常严重。其中对人体危害最大的污染物主要包括 CO、HC、NO$_x$、PM 等。国内外大量流行病学研究证实，PM 是对人体危害最大的大气污染物，暴露在 PM 中，PM 会对人体呼吸系统和心血管系统造成损害。其中 PM$_{2.5}$ 直径更小，表面可以吸附重金属和微生物，并且可以突破屏障进入细胞和血液循环，对人体的危害更大。因此，在本研究中，选取 PM$_{2.5}$ 作为污染因子来评价健康影响。

2）健康终端的选取

本研究以评价大气污染的长期慢性健康效应造成的经济损失为主要目的，根据健康效应终端选取原则，选择与大气污染相关性较强的呼吸系统疾病和心脑血管系统疾病作为健康效应终端，主要包括死亡率、住院人次、门诊人次、未就诊人次和因病休工天数等可计量的指标（表 4-4）。

表 4-4　大气污染健康效应终端

分类	指标
全因死亡率	慢性效应死亡率
	急性效应死亡率
住院	呼吸系统疾病
	心血管疾病
因病休工	慢性支气管炎

3）暴露—反应关系

大气污染对人体健康的影响用污染物与健康危害终端的剂量（暴露）—反应函数表示，即大气污染水平同暴露人口的健康危害终端之间呈统计学相关关系，在控制了其他干扰因素后，通过回归分析，估计出主要污染物单位浓度变化与暴露人口的健康危害终端的相关系数 β。目前的研究认为，大气污染健康终端的相对危险度（RR）基本上符合一种污染物浓度的线性或对数线性的关系，即

线性关系：

$$RR = \exp[\beta(C - C_0)] \tag{4-11}$$

对数线性关系：

$$RR = \exp[\alpha + \beta \ln(C)] / \exp[\alpha + \beta \ln(C_0)] = (C / C_0)\beta$$

为了避免上式中出现 $C_0 = 0$ 的情况，在分子分母上各加 1，即

$$RR = [(C + 1) / (C_0 + 1)]\beta \tag{4-12}$$

式中，C 是某种大气污染物的当前浓度水平；C_0 是其基线（清洁）浓度水平（阈值）；RR 是大气污染条件下人群健康效应的相对危险度；β 为暴露—反应系数，表示大气污染物浓度每增高一个单位，相应的健康终端人群死亡率或患病率增高的比例，通常用%表示。

（2）环境健康价值评估

在环境健康价值评估中，西方发达国家倾向于使用支付意愿法（WTP），在非完全市场经济的发展中国家，研究方法通常采用疾病成本法和修正的人力资本法。它是基于收入的损失成本和直接的医疗成本进行估算的，对于因污染造成的过早死亡损失采用修正的人力资本法，患病成本的估算采用疾病成本法。它所得的计算结果应是大气污染造成的健康损失的最低限值。

1）疾病成本法

疾病成本是指患者患病期间所有的与患病有关的直接费用和间接费用，包括门诊、急诊、住院的直接诊疗费和药费，未就诊患者的自我诊疗和药费，患者休工引起的收入损失（按日人均 GDP 折算），以及交通和陪护费用等间接费用。

2）修正的人力资本法

我国在估算污染引起早死的经济损失时，往往应用人均 GDP 作为一个统计生命年对 GDP 贡献的价值，我们称为修正的人力资本法。这种方法与人力资本法的区别在于，从整个社会而不是从个体（不存在人力是健康的劳动力还是老人或残疾人的问题）角度，来考察人力生产要素对社会经济增长的贡献。污染引起的过早死亡损失了人力资源要素，因而减少了统计生命年间对 GDP 的贡献。因此，对整个社会经济而言，损失一个统计生命年就是损失了一个人均 GDP。修正的人力资本损失相当于损失的生命年中的人均 GDP 之和。

污染引起早死的经济损失计算方程式：

$$C_{ed} = P_{ed} \sum_{i=1}^{t} \text{GDP}_{pci}^{pv} \tag{4-13}$$

$$\text{GDP}_{pci}^{pv} = \frac{\text{GDP}_{pc0} \ (1+\alpha)^i}{(1+r)^i} \tag{4-14}$$

人均人力资本 HC_m 的计算公式如下。

$$\text{HC}_m = \frac{C_{ed}}{P_{ed}} = \sum_{i=1}^{t} \text{GDP}_{pci}^{pv} = \text{GDP}_{pc0} \sum_{i=1}^{t} \frac{(1+\alpha)^i}{(1+r)^i} \tag{4-15}$$

式中：C_{ed} 为污染引起早死的经济损失，万元；P_{ed} 为污染引起早死的人数；t 为污染引起早死时平均损失的寿命年数；GDP_{pci}^{pv} 为第 i 年的人均 GDP 现值，万元；GDP_{pc0} 为基准年人均 GDP，万元；r 为社会贴现率，%；α 为人均 GDP 年增长率，%。

（3）京津冀黄标车淘汰政策实施的健康效益评估方法

结合机动车排放大气污染物的种类与特征，本研究中减少大气污染的健康效益由 3 部分组成：①大气污染造成的全死因过早死亡人数和死亡损失（ECa_1），经济损失利用人力资本法评价；②大气污染造成的呼吸系统和心血管系统疾病病人的住院增加人次和休工天数及其经济损失（ECa_2），经济损失利用疾病成本法评价；③大气污染造成的慢性支气管炎的新发病人人数及其经济损失（ECa_3），经济损失利用患病失能法（DALY）评价。由于基本评价方法需要大量的数据、经费和时间，在数据有限、相关研究资料匮乏的情况下，可采用成果参照法进行评价。总健康效益 ECa_{Total} 的计算公式如下：

$$ECa_{\text{Total}} = ECa_1 + ECa_2 + ECa_3 \tag{4-16}$$

1）大气污染造成的全死因过早死亡经济损失（ECa_1）

评估大气污染损失时，根据各地的大气环境污染水平、健康危害终端和剂量—反应函数，先求出该城市的现状（控制情景）健康结局值，大气污染对健康的危害即为基准情景健康结局值扣除了现状（控制情景）健康结局值后的数值。

$$P_{ed} = 10^{-5}(f_p - f_t)P_e = 10^{-5}\ ((\text{RR} - 1)/\text{RR})\ f_p\ P_e \tag{4-17}$$

$$ECa_1 = P_{ed}\ \text{HC}_{mu} = P_{ed}\ \sum_{i=1}^{t}\text{GDP}_{pci}^{pv} \tag{4-18}$$

式中：P_{ed} 为基准情景大气污染水平下造成的全死因过早死亡人数，万人；f_p 为基准情景大气污染水平下全死因死亡率，%；f_t 为现状（控制情景）大气污染水平下全死因死亡率（即基准值），%；P_e 为城市暴露人口，万人；RR 为大气污染引起的全死因死亡相对危险归因比；t 为大气污染引起的全死因早死的平均损失寿命年数，根据分年龄组的与大气污染相关疾病的死亡率，得到平均损失寿命年数为 18 年；HC_{mu} 为城市人口的人均人力资本，万元/人；GDP_{pci}^{pv} 为第 i 年的城市人均 GDP，万元。数据来自《中国统计年鉴 2016》《河北经济年鉴 2016》。

2）大气污染造成的相关疾病住院经济损失（ECa_2）

$$P_{eh} = \sum_{i=1}^{n}(f_{pi} - f_{ti}) = \sum_{i=1}^{n}f_{pi}\ \frac{\Delta c_i\ \beta_i/100}{1 + \Delta c_i\ \beta_i/100} \tag{4-19}$$

$$ECa_2 = P_{eh}\ (C_h + \text{WD}\ C_{wd}) \tag{4-20}$$

式中：n 为大气污染相关疾病，呼吸系统疾病和心血管疾病；f_{pi} 为现状大气污染水平下的住院人次，万；β_i 为回归系数，即单位污染物浓度变化引起健康危害 i 变化的百分数，%；Δc_i 为实际污染物浓度与健康危害污染物浓度阈值之差，$\mu g/m^3$；C_h 为疾病住院成本，包括直接住院成本和交通、营养等间接住院成本，元/例；WD 为疾病休工天数，根据 2013 年全国第 5 次卫生服务调查获得，呼吸系统疾病人均休工 3 天；C_{wd} 为疾病休工成本，元/天，疾病休工成本＝人均 GDP/365。

3）大气污染造成的慢性支气管炎发病失能经济损失（ECa_3）

国外研究人员认为慢性支气管炎对人体的伤害极大，病人患病之后将忍受终生的病痛折磨，且随着病情的发展，病人将最终丧失工作能力、无法享受人生的乐趣，因此，在评价慢性支气管炎的经济损失时通常以患病失能法来取代一般疾病采用的疾病成本法，相关研究表明，患上慢性支气管炎的失能（DALY）权重为 32%，即以平均人力资本的 32% 作为患病失能损失。

$$ECa_3 = \gamma \; P_{ed} \; HC_{mu} = \gamma \; P_{ed} \sum_{i=1}^{t} GDP_{pci}^{pv} \qquad (4\text{-}21)$$

式中：t 为大气污染引起的慢性支气管炎早死的平均损失寿命年数，根据分年龄组的 COPD 死亡率，得到慢性支气管炎平均损失寿命年数为 23 年；γ 为慢性支气管炎失能损失系数，0.32。

4.1.1.5 经济社会影响评估方法

根据宏观经济学理论可知，黄标车淘汰政策将通过补贴车主带动对新车的产品需求。新车生产过程中将增加产业上下游链条的产品生产，例如，需要发动机、轮胎等上游产品需求和运输、销售、金融等下游产业需求。上下游产业再通过产业链带动钢铁、橡胶等其他产业，最终对整个国民经济产生拉动作用。通过投入产出模型可以捕捉最终产品需求的变化对国民经济不同指标（总产出、GDP、居民收入和就业）的影响（图 4-2）。

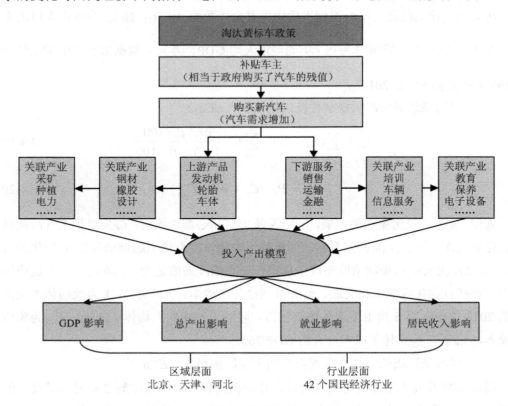

图 4-2　淘汰黄标车经济影响分析机理

投入产出模型采用数学方法来表示投入产出表中各部门之间的复杂关系，从而用以进行经济分析、政策模拟、计划论证和经济预测等，投入产出分析通过编制投入产出表来实现。投入产出表是指反映各种产品生产投入来源和去向的一种棋盘式表格，由投入表与产出表交叉而成。前者反映各种产品的价值，包括物质消耗、劳动报酬和剩余产品；后者反映各种产品的分配使用情况，包括投资、消费、出口等。投入产出表可以用来揭示国民经济中各部门之间经济技术的相互依存、相互制约的数量关系。

直接消耗系数又称为投入系数或技术系数，其定义是：每生产单位 j 产品需要消耗 i 产品的数量。一般用 a_{ij} 表示。完全消耗系数定义为每生产单位 j 种最终产品要直接、各种间接消耗（即完全消耗）i 种产品的数量。一般用 b_{ij} 来表示。

根据上述平衡式以及直接消耗系数，将投入产出表按行建立投入产出行模型，其可以反映各部门产品的生产与分配使用情况，描述最终产品与总产品之间的价值平衡关系。其方程表达式如下：

$$\sum_{j=1}^{n} a_{ij} \ x_j + y_i = x_i, (i = 1, 2, \cdots, n) \qquad (4\text{-}22)$$

其可以进一步写成矩阵式

$$(I - A)X = Y \qquad (4\text{-}23)$$

$$X = (I - A)^{-1}Y \qquad (4\text{-}24)$$

式中：A 代表直接消耗系数矩阵，X 代表总产值，Y 代表最终产品。投入产出行模型反映了最终产品拉动总产出的经济机制。

4.1.1.6　数据来源

（1）补贴标准

通过对国家汽车以旧换新政策、黄标车提前淘汰政策，以及北京、天津、河北及其11个地市的黄标车提前淘汰政策进行梳理分析，分别得到北京、天津、河北及其11个地市的不同淘汰时间段下不同黄标车车型的淘汰补贴标准。

（2）淘汰数量

通过对北京、天津、河北及其11个地市的每年度政府工作报告，每年度国民经济和社会发展统计公报，环境保护、公安等部门官方网站的新闻报道进行梳理分析，分别得到北京、天津、河北及其11个地市有补贴条件下的黄标车年度淘汰数量。

4.1.2 评估结果分析

4.1.2.1 补贴政策

（1）费用

2008—2015 年，京津冀区域黄标车淘汰补贴成本（黄标车残值）为 136.87 亿元，其中北京、天津、河北的补贴成本分别为 26.20 亿元、25.55 亿元、85.12 亿元。京津冀区域的政府成本（补贴金额）为 102.07 亿元，其中北京、天津、河北的政府成本（补贴金额）分别是 15.19 亿元、23.96 亿元、62.92 亿元。京津冀区域的购新车成本为 1 822.5 亿元，其中北京、天津、河北的购新车成本分别是 299.74 亿元、398.86 亿元、1 123.90 亿元（图 4-3～图 4-5）。

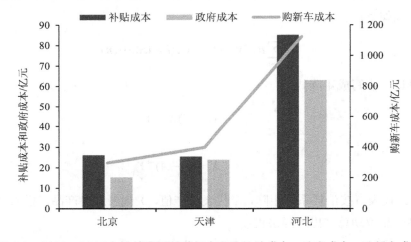

图 4-3　2008—2015 年京津冀区域黄标车淘汰补贴成本、政府成本、购新车成本

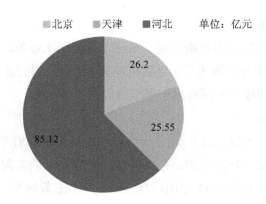

图 4-4　2008—2015 年京津冀区域 3 省（市）黄标车淘汰补贴成本

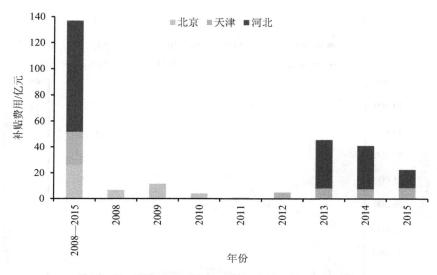

图 4-5　2008—2015 年京津冀区域黄标车年度淘汰补贴成本

（2）环境效益

2008—2012 年，由于黄标车淘汰补贴政策的施行，北京 CO、HC、NO_x、$PM_{2.5}$、PM_{10} 的排放量分别减少 113 072.60 t、12 718.32 t、15 239.55 t、1 260.48 t、1 392.96 t。2012—2015 年，由于黄标车淘汰补贴政策的施行，天津 CO、HC、NO_x、$PM_{2.5}$、PM_{10} 的排放量分别减少 91 757.03 t、11 840.53 t、20 046.12 t、1 755.30 t、1 938.90 t。2013—2015 年，由于黄标车淘汰补贴政策的施行，河北 CO、HC、NO_x、$PM_{2.5}$、PM_{10} 的排放量分别减少 464 278.80 t、67 078.78 t、139 149.70 t、13 445.15 t、14 791.84 t（图 4-6）。

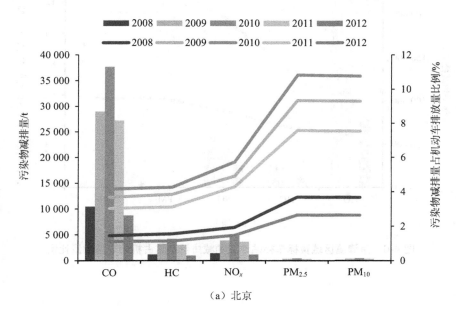

（a）北京

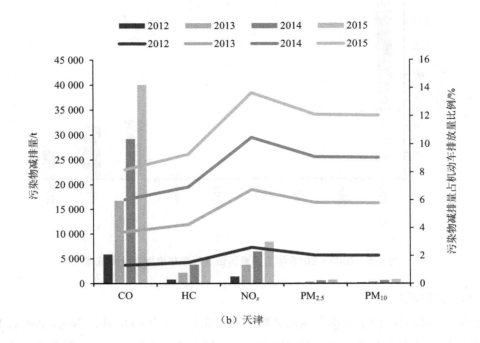

（b）天津

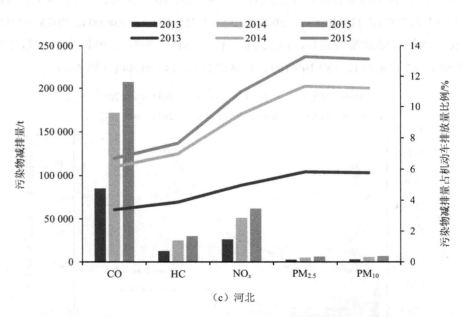

（c）河北

图 4-6　京津冀区域黄标车补贴政策的减排量及其占机动车排放量比例

　　2008—2012 年，由于黄标车淘汰补贴政策的施行，北京 NO_x、PM_{10}、$PM_{2.5}$ 年均质量浓度下降区间分别为 0.32～1.39 μg/m³、0.35～1.52 μg/m³、0.18～0.79 μg/m³。2012—2015 年，由于黄标车淘汰补贴政策的施行，天津 NO_x、PM_{10}、$PM_{2.5}$ 年均质量浓度下降区间为 0.24～2.10 μg/m³、0.44～2.62 μg/m³、0.06～1.05 μg/m³。2013—2015 年，由于黄标车淘汰补贴政策，河北各地市 NO_x、PM_{10}、$PM_{2.5}$ 年均质量浓度下降区间为 0.24～7.69 μg/m³、0.01～1.92 μg/m³、0.02～1.13 μg/m³（图 4-7）。

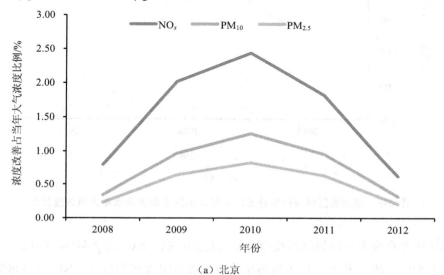

（a）北京

（b）天津

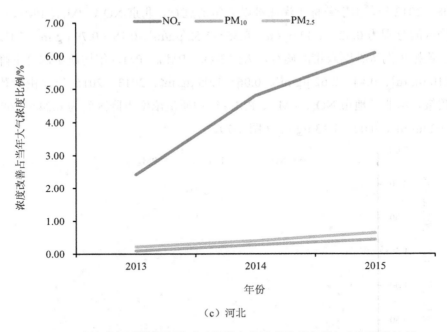

（c）河北

图 4-7 京津冀区域黄标车补贴政策带来的浓度改善占当年大气浓度比例

2010 年北京市大气污染物浓度改善幅度达到最高，NO_x 为 2.44%，PM_{10} 为 1.26%，$PM_{2.5}$ 为 0.83%；2015 年天津市大气污染物浓度改善幅度达到最高，NO_x 为 5.00%，PM_{10} 为 2.26%，$PM_{2.5}$ 为 1.50%；河北省 2015 年大气污染物浓度改善幅度达到最高，NO_x 为 6.08%，PM_{10} 为 0.44%，$PM_{2.5}$ 为 0.64%。

（3）健康效益

2008—2015 年，北京市减少过早死亡（包括慢性和急性）人数为 4 015 人，约占京津冀减少过早死亡人数总量的 45.7%，其次是天津（减少过早死亡 1 005 人，约占京津冀的 11.7%）和河北（减少过早死亡 3 769 人，约占京津冀的 42.6%）。

2008—2015 年，北京市减少因病住院（包括呼吸道疾病和心血管疾病）人数最多，约 4.95 万人，占京津冀减少因病住院人数的 48.6%；其次是天津和河北，分别平均减少因病住院人数约 1.19 万人和 4.05 万人，分别占京津冀减少因病住院人数的 12.0% 和 39.4%。

2008—2015 年，北京市减少慢性支气管炎患病人数约 1.2 万人，约占京津冀减少患支气管炎人数的 45.7%；其次是天津和河北，分别平均减少慢性支气管炎患病人数约 1.13 万人和 0.3 万人（图 4-8）。

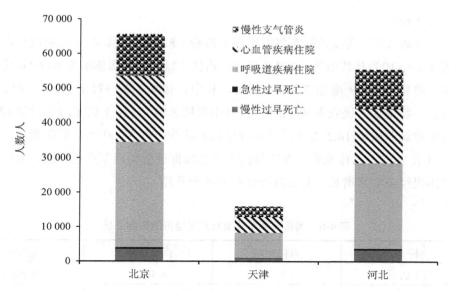

图 4-8 2008—2015 年京津冀区域因黄标车补贴政策所减少的健康终端人数

京津冀区域的健康效益为 340.3 亿元，其中因避免过早死亡获得的健康效益为 142.5 亿元，因减少慢性支气管炎获得的健康效益为 174.7 亿元，这两大类健康终端带来的健康效益约占总健康效益的93%。京津冀区域因减少患病住院所带来的健康效益为22.9 亿元。总体来看，减少慢性过早死亡的健康效益远大于减少急性过早死亡带来的健康效益（图 4-9）。

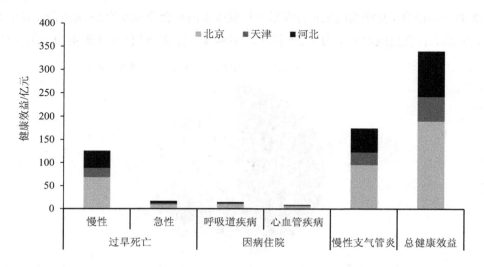

图 4-9 2008—2015 年京津冀区域因黄标车补贴政策所带来的健康终端价值

（4）经济社会

京津冀 3 省（市）淘汰黄标车将新增汽车消费 1 822.5 亿元，将带动我国总产出增加 8 290.1 亿元，其中直接影响为 1 822.5 亿元，占比 22.0%；间接影响为 6 467.6 亿元，占比 78.0%。将带动 GDP 增加 2 344.2 亿元，其中直接影响为 371.1 亿元，间接影响为 1 972.4 亿元。将增加居民收入 981.0 亿元，其中直接影响为 126.1 亿元，间接影响为 853.9 亿元。将新增就业岗位 14.2 万个，其中直接新增就业岗位 3 000 个，间接新增就业岗位 13.7 万个（表 4-5）。总体来看，淘汰黄标车将直接促进我国汽车产业发展，并通过产业链条带动国民经济实现增长，对宏观经济起到积极作用。

表 4-5　淘汰黄标车政策对宏观经济的影响分析

指标	直接影响	间接影响	总影响
总产出/亿元	1 822.5	6 467.6	8 290.1
增加值/亿元	371.1	1 972.4	2 344.2
居民收入/亿元	126.1	853.9	981.0
非农就业岗位/万个	0.3	13.7	14.2

4.1.2.2　禁行政策

（1）费用

2008—2015 年，京津冀区域黄标车禁止行驶政策的社会总成本为 58.06 亿元，其中北京、天津、河北的社会总成本分别为 13.55 亿元、16.94 亿元、27.57 亿元（图 4-10、图 4-11）。

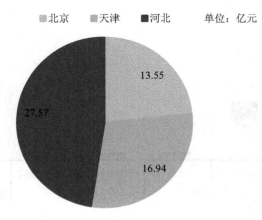

图 4-10　2008—2015 年京津冀区域 3 省（市）黄标车禁行成本

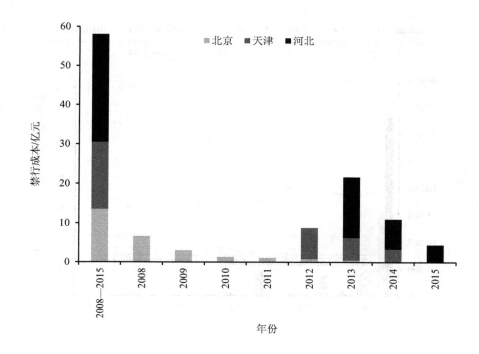

图 4-11 2008—2015 年京津冀区域黄标车年度禁行成本

（2）环境效益

2008—2015 年，由于黄标车禁行政策的施行，北京 CO、HC、NO_x、$PM_{2.5}$、PM_{10} 的排放量分别减少 69 654.87 t、7 852.78 t、9 531.60 t、804.33 t、888.95 t。2012—2015 年，由于黄标车禁行政策的施行，天津 CO、HC、NO_x、$PM_{2.5}$、PM_{10} 的排放量分别减少 80 047.6 t、10 425.01 t、18 178.28 t、1 581.95 t、1 747.39 t。2013—2015 年，由于黄标车禁行政策的施行，河北 CO、HC、NO_x、$PM_{2.5}$、PM_{10} 的排放量分别减少 288 687.30 t、42 184.90 t、88 812.40 t、8 588.65 t、9 448.11 t。

2008—2012 年，由于黄标车禁行政策的施行，北京 NO_x、PM_{10}、$PM_{2.5}$ 年均浓度下降区间分别为 0.03～1.27 μg/m³、0.04～1.37 μg/m³、0.02～0.41 μg/m³。2012—2015 年，由于黄标车禁行政策的施行，天津 NO_x、PM_{10}、$PM_{2.5}$ 年均浓度下降区间为 1.03～1.50 μg/m³、1.50～2.75 μg/m³、0.26～0.79 μg/m³。2013—2015 年，由于黄标车禁行政策的施行，河北各地市 NO_x、PM_{10}、$PM_{2.5}$ 年均浓度下降区间为 0.05～4.04 μg/m³、0.01～1.70 μg/m³、0.02～1.07 μg/m³（图 4-12）。

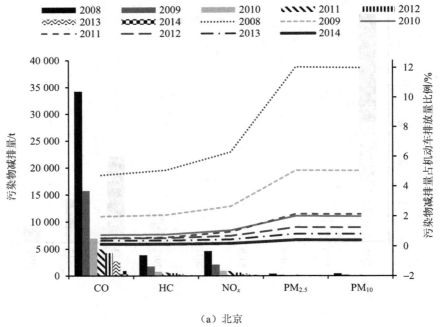

（a）北京

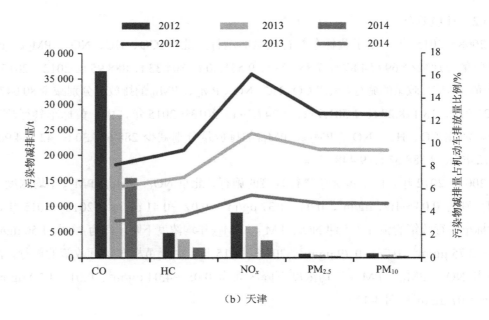

（b）天津

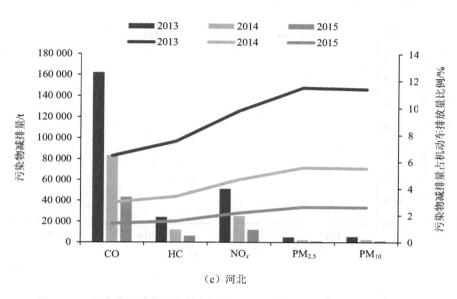

（c）河北

图 4-12　京津冀区域黄标车禁行政策的减排量及其占机动车排放量比例

2008 年北京市大气污染物 NO_x 和 PM_{10} 质量浓度改善幅度达到最高，分别为 2.59% 和 1.12%，而 2009 年北京市 $PM_{2.5}$ 质量浓度改善幅度最高，为 0.74%；2012 年天津市大气污染物 NO_x 和 PM_{10} 质量浓度改善幅度达到最高，分别为 3.57% 和 2.62%，而 2014 年天津市 $PM_{2.5}$ 质量浓度改善幅度达到最高，为 0.95%；2013 年河北省大气污染物质量浓度改善幅度达到最高，NO_x 为 3.65%，PM_{10} 为 0.30%，$PM_{2.5}$ 为 0.46%（图 4-13）。

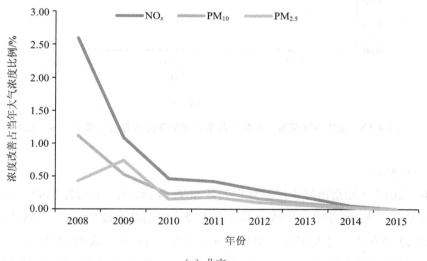

（a）北京

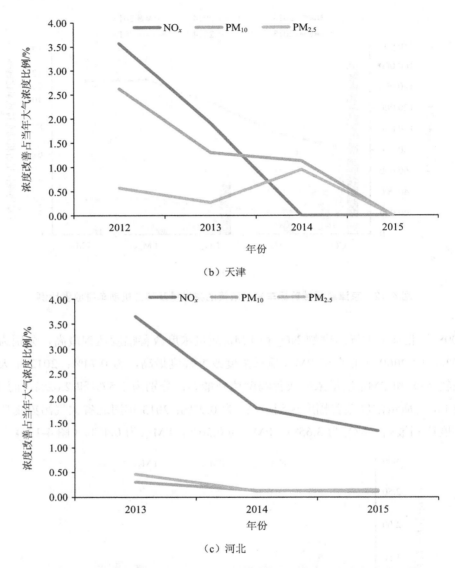

（b）天津

（c）河北

图 4-13 京津冀区域黄标车禁行政策带来的浓度改善占当年大气浓度比例

（3）健康效益

2008—2015 年北京市减少过早死亡人数 809～4 287 人（平均为 2 860 人），约占京津冀减少过早死亡人数总量的 37.9%，其次是天津（平均减少过早死亡 1 148 人，约占京津冀的 15.2%）和河北（平均减少过早死亡 3 535 人，约占京津冀的 46.9%）。

2008—2015 年北京市减少因病（包括呼吸道疾病和心血管疾病）住院人数为 0.8 万～4.2 万人（平均约 3.3 万人），占京津冀减少因病住院人数的 41.3%；其次是天津和河北，分别平均减少因病住院人数约 1.26 万人和 3.51 万人，分别占京津冀减少因病住院人数的

15.5%和 43.2%。

2008—2015 年,北京市减少慢性支气管炎患病人数 0.3 万~1.8 万人(平均为 0.86 万人),占京津冀减少患支气管炎人数的 37.9%;其次是天津和河北,分别平均减少慢性支气管炎患病人数 0.34 万人和 1.06 万人（图 4-14）。

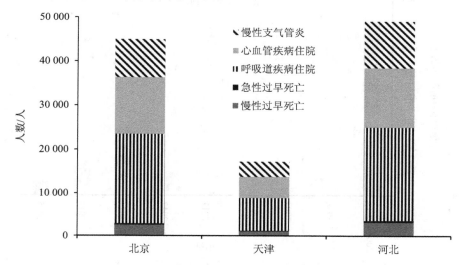

图 4-14　2008—2015 年京津冀区域因黄标车禁行政策所减少的健康终端人数

京津冀区域的健康效益为 283 亿元,其中因避免过早死亡获得的健康效益为 119.4 亿元,因减少慢性支气管炎获得的经济效益为 146.3 亿元,这两大类健康终端带来的健康效益约占总健康效益的 94%。京津冀区域因减少患病住院所带来的健康效益为 17.3 亿元。总体来看，减少慢性过早死亡的健康效益远大于减少急性过早死亡带来的健康效益（图 4-15）。

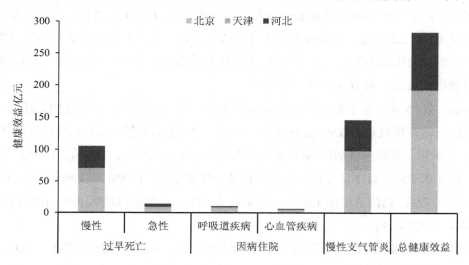

图 4-15　2008—2015 年京津冀区域因黄标车禁行政策所带来的健康终端价值

（4）黄标车禁行节省的费用

2008—2015 年，京津冀区域黄标车禁行节省的费用为 702.26 亿元，其中北京、天津、河北的黄标车禁行节省的费用分别为 149.38 亿元、186.80 亿元、366.08 亿元（图 4-16）。

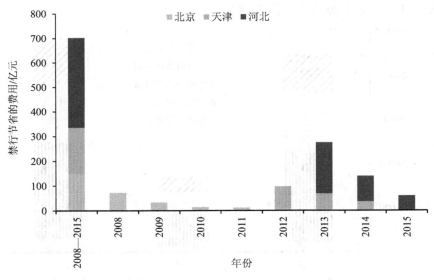

图 4-16　2008—2015 年京津冀区域黄标车禁行节省的费用

4.1.2.3　总体分析

2008—2015 年，京津冀区域实施黄标车淘汰政策（包括补贴政策和禁行政策）的总费用是 194.9 亿元，总效益是 1 325.5 亿元，净效益为 1 130.6 亿元。2008—2015 年，京津冀区域实施黄标车淘汰补贴政策的净效益为 203.4 亿元；同期实施黄标车禁行政策产生的净效益为 927.22 亿元。就黄标车淘汰补贴政策而言，北京获得的净效益和效益费用比均最高，效益费用比为 7.27 : 1。就黄标车禁行政策而言，北京获得的净效益不是最高，但效益费用比最高，为 20.88 : 1（图 4-17）。

2008—2015 年，由于黄标车淘汰政策的施行，北京、天津、河北的 NO_x 减排量分别占该地区机动车排放量的 5.97%、16.40%、14.05%，分别占该地区 NO_x 总排放量的 2.57%、3.25%、5.09%，分别占该地区 NO_x 浓度改善贡献幅度为 2.50%、3.20%、7.98%；北京、天津、河北的 $PM_{2.5}$ 减排量分别占该地区机动车排放量的 11.15%、13.96%、16.71%，分别占该地区 $PM_{2.5}$ 总排放量的 1.02%、1.34%、0.80%，分别占该地区 $PM_{2.5}$ 浓度改善幅度为 0.84%、1.15%、0.78%。

京津冀区域淘汰黄标车新增汽车消费 1 822.5 亿元，将带动我国总产出、GDP、居民收入和就业岗位分别增加 8 351.7 亿元、2 344.2 亿元、981.0 亿元和 14.2 万个。黄标车淘

汰政策对各行业贡献作用具有较大差别，受影响最大的行业是汽车整车制造业，约 2 072
亿元，占总产出影响的 1/4 左右。总体来看，淘汰黄标车将直接促进我国汽车产业发展，
并通过产业链条带动国民经济实现增长，对宏观经济起到积极作用。

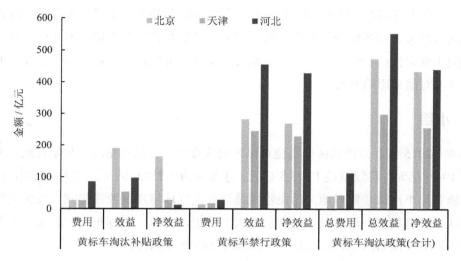

图 4-17　黄标车淘汰政策的费用效益结果

4.1.2.4　不确定性分析

本研究存在以下 7 个不确定性：

（1）计算边界问题。鉴于京津冀区域范围较大，而管理成本、黄改绿成本很少，故
未将该政策的行政管理成本、间接费用和效益纳入计算。

（2）数据问题。不同地区的不同车型、不同车况、不同排放标准的黄标车数量及其
污染物排放差异较大。由于数据资料的限制，京津冀区域各城市历年黄标车淘汰数量，
是由年淘汰数据根据京津冀区域 3 省（市）2012 年机动车各车型的数量比例和黄标车淘
汰总量推算而得。

（3）参数系数问题。黄标车淘汰后车主购买新车的比例、黄标车自然淘汰率、行驶
里程、乘载率等，存在不确定性。

（4）黄标车禁行范围及时间问题。京津冀区域各城市的黄标车禁行政策启动时间不
同步，禁行范围随时间而逐步扩大。故使得禁行范围不是全域覆盖，禁行时间也不是全
年，该政策同时适用外地黄标车。因此在进行禁行政策费用效益分析计算时会产生一定
误差。

（5）浓度—响应系数问题。在环境健康效益计算时部分参数采用国内外相关研究的
成果，而各地区的大气污染物种类、大气污染物浓度、暴露人口数量及特征等方面与这

些研究区域的存在差异，这样会导致计算结果存在一定的不确定性。

（6）投入产出模型输入数据问题。本研究假设 90%的淘汰车主购置新车，现实情况中，京津冀区域各城市的淘汰车主重新购置机动车的可能性与假设不一致。

（7）模型本身问题。经济影响分析部分采用 2012 年投入产出模型来静态分析各年份黄标车淘汰政策，而各年份间产业结构、相关系数均存在动态变化，因此可能对结果带来一定的不确定性；另外，劳动力占用系数等参数也可能存在一定的不确定性。但根据经验，误差对结果影响不大。

4.1.3　小结

2008—2015 年，京津冀区域实施黄标车淘汰政策（包括补贴政策和禁行政策）的总费用是 194.9 亿元，总效益是 1 325.5 亿元，净效益为 1 130.6 亿元。该结果表明，京津冀区域实施黄标车淘汰政策对地区污染物减排及其大气环境质量改善起到重要促进作用，京津冀区域实施黄标车淘汰政策的效益远大于费用。同时，黄标车淘汰政策对宏观经济起到积极影响，使 GDP 增加、居民收入增加、就业岗位增加。

建议：①继续运用经济手段推进黄标车淘汰政策实施。越早实施黄标车淘汰政策，随之带来的净效益越高；越是人口相对密集、暴露人群较多、人均 GDP 较高的城市实施黄标车淘汰政策，其效果越好。②严格实施城市禁行、限行政策。建议完善有关法规，严格制定、实施城市黄标车禁行、老旧车辆限行政策，扩大禁行、限行范围，对违规违法上路的机动车予以严肃处罚；出台燃油排污费、差异化停车费等政策手段，加速黄标车及老旧车辆的提前淘汰。③提高黄标车及老旧车辆淘汰的补贴标准。④加强对黄标车的管理，存在京津冀区域的黄标车流转到其他地区的现象。黄标车的流转将带来污染的转移，加强对二手车市场的监管，限制黄标车交易。⑤加强黄标车淘汰的宣传教育，鼓励车主主动使用节能型低排放机动车和使用公共交通出行。

4.2　京津冀"大气十条"实施费用效益分析

为了改善空气质量和保护公众健康，2013 年国务院印发了"大气十条"，要求到 2017 年全国地级及以上城市 PM_{10} 质量浓度比 2012 年下降 10%以上，京津冀区域 $PM_{2.5}$ 质量浓度分别比 2012 年下降 25%左右。为实现该目标，中国政府从优化产业结构与布局、调整能源结构和油品升级、强化工业污染综合治理等方面提出了 10 条措施。

2017 年是"大气十条"第一阶段的收官之年，京津冀及周边区域"2+26"个城市收获了更多的蓝天。治理空气污染是一项复杂而艰巨的任务，在"大气十条"实施过程中，尽管国家和各地方投入了大量人力、物力、财力，但也取得了良好的经济效益和社会效益。

　　本报告通过对京津冀在"大气十条"各项措施的实施方面带来的费用和效益进行全面评估分析，得出该计划实施带来的费用和效益情况，一方面，回应决策层面、企业和社会公众的关切，另一方面，通过费用效益评估，为制定下一阶段大气污染防治行动计划提供决策参考，对京津冀大气环境管理具有重要意义。

4.2.1　费用效益分析思路与方法

4.2.1.1　总体思路

（1）政策分类

　　以"大气十条"实施的政策措施为对象，通过对京津冀实施"大气十条"的有关政策措施的梳理整合，主要从产业结构与布局调整、能源清洁利用、工业污染治理、锅炉改造与治理、面源污染治理、机动车污染治理、监管能力建设等 7 个方面进行评估。政策措施如表 4-6 所示。

表 4-6　"大气十条"实施的政策措施分类

一级政策措施	二级政策措施
1. 产业结构与布局调整	淘汰落后产能
	压缩过剩产能
	"散乱污"治理
	错峰生产
	企业搬迁
2. 能源清洁利用	煤炭总量控制
	散煤清洁利用
	燃煤"双替代"
	油品升级及配套改造
	建筑节能管网改造
3. 工业污染治理	电力行业脱硫脱硝除尘
	钢铁行业脱硫脱硝除尘
	水泥行业脱硫脱硝除尘
	玻璃行业脱硫脱硝除尘
	有色金属冶炼行业脱硫除尘
4. 锅炉改造与治理	改电
	改气
	热泵
	其他清洁能源

一级政策措施	二级政策措施
5. 面源污染治理	扬尘治理（建筑扬尘、道路扬尘、渣土扬尘）
	餐饮油烟治理
	秸秆燃烧治理
6. 机动车污染治理	黄标车与老旧车淘汰
	新能源汽车
7. 监管能力建设	应急能力、监测网格、执法监督（含督查、巡查）、科技研发（大气专项、总理基金）等保障支出

（2）费用效益范围

"大气十条"实施的费用效益分析，主要包括费用、效益、经济社会影响 3 部分。本报告采用各省市 $PM_{2.5}$ 年均质量浓度值作为排除掉气象因素影响后的值（以 2013 年为基准年）。

费用包括："大气十条"实施的 7 个方面措施的相关费用，既有政府的投入，也有企业和公众的投入，从全社会整个系统的角度来考虑。

效益包括："大气十条"实施的环境改善效益（如主要污染物减排、环境质量改善）、健康效益、其他效益（农业损失减少的效益、建筑损失减少的效益、清洁费用减少的效益等）以及环境改善带来的群众幸福感效益等。

（3）研究范围

时间范围为 2013—2017 年，基础年为 2013 年。由于大气污染治理投入有些是固定资产，一些效益是长期效益，在计算费用效益时还考虑了不同固定资产的折旧和效益的折现，都统一到 2013—2017 年范围之中。

空间范围包括京津冀 3 省（市），部分政策措施及费效分析的研究范围以京津冀及周边"2+26"个城市为主。

4.2.1.2 费用分析思路方法

费用主要包括产业结构与布局、工业污染治理、能源清洁与调整、锅炉改造治理、大气面源污染治理、机动车治理、监管能力与科技支撑等措施实施的投入，每项措施的费用界定如下。

（1）产业结构与布局

本项措施的费用主要包含由于淘汰落后产能、压减过剩产能提供的政府补助费用，"散乱污"企业的升级改造所需的投入以及重污染企业搬迁所需的投入等。由于数据缺失，本项测算不包括污染企业搬迁的费用。取缔"散乱污"企业导致的经济影响不计入成本中。

（2）能源清洁利用

能源清洁利用主要包括煤炭总量控制、散煤清洁利用、燃煤"双替代"、油品升级及配套改造、建筑节能与供热管网等措施。煤炭总量控制措施包括煤炭消费总量指标约束和煤炭压减、新建项目煤炭减量替代和等量替代等，主要反映为对经济的影响，不含费用计算。供热改造主要包括老旧供热管网改造、北方采暖地区既有居住建筑供热计量和节能改造、北方城市采暖地区集中供热普及率提高，由于数据缺失且成本较难界定，不纳入计算。能源清洁利用这部分费用主要计算散煤清洁利用、燃煤"双替代"、油品升级及配套改造、建筑节能等 4 项措施的费用。

（3）重点行业污染治理

主要包括"大气十条"中确定的工业大气污染治理重点行业（电力、钢铁、水泥、有色金属及平板玻璃行业）。其中，火电行业的治理重点为发电锅炉脱硫、脱硝、除尘设施；钢铁行业的治理重点为烧结机（球团）脱硫、除尘设施；水泥行业的治理重点为水泥熟料煅烧窑脱硝、除尘设施；有色金属冶炼行业的治理重点为生产线除尘措施；玻璃行业的治理重点为玻璃窑脱硫、脱硝、除尘设施。

需要说明的是，钢铁行业烧结（球团）以外的其他工序的除尘设施，以及焦化行业脱硫、除尘设施，这两部分目前缺少成本测算依据，且工程量难以统计，因此未计算。石化行业催化裂化装置脱硫设施成本测算，因缺少工程量数据难以计算。有色金属行业脱硫设施成本没有各省（市）有色行业新建脱硫设施情况数据，目前难以计算。重点行业以外的其他行业，由于未掌握脱硫、脱硝、除尘设施建造情况，各行业治理设施成本测算缺少依据，目前未计算。

（4）锅炉改造治理

主要措施是淘汰改造燃煤小锅炉，主要对象为工业、商用和居民小区（社区）的 10 t/h 以下规模锅炉，燃煤小锅炉的改造方式主要是淘汰、煤改电或煤改气、清洁能源替代和热泵供暖 4 种方式，主要成本是锅炉采暖设备的投资费用，成本按照锅炉的蒸吨为基准进行计算。

（5）机动车污染治理

机动车污染治理措施主要包括黄标车、老旧车的淘汰，新能源汽车推广，交通运输结构调整，机动车监管能力建设等 4 个方面。黄标车、老旧车淘汰成本主要是车辆残值损失（以补贴成本作为替代），新能源汽车推广成本主要是推广补贴成本。交通运输结构调整主要有公交车、出租车、客运车辆、货运车结构调整，铁路货运、海运、空运结构调整，轨道交通建设，自行车道建设等措施，由于数据缺失，成本难以量化，不纳入计算。机动车监管能力建设主要有巡查检测场、查处违法检测场、检查机动车、查处违法车，建设省市两级监管平台，建设固定式遥感监测门站、配置移动式遥感监测车等措施，机动车监管能力建设部分的成本放入"大气十条"的监督管理成本的计算中。

（6）大气面源污染治理

大气面源污染治理主要包括扬尘、餐饮油烟、秸秆燃烧治理等措施，其中扬尘包括建筑扬尘、道路扬尘、渣土扬尘。此外大气面源治理还包括矿山和港口码头扬尘整治，由于该部分占比较小且相关数据获取困难，故不纳入计算。梳理各省（市）大气面源任务，其具体的治理措施成本主要包括政府补贴、政府治理设施安装、企业设施投资、日常治理与运维费用，其中政府补贴与设施安装投资部分存在重复，需进行扣减。

（7）环境监管与科技支撑能力

环境监管与科技支撑能力主要包括大气污染防治应急能力建设、大气环境监测网格体系建设、执法监督体系建设（含环保督查、巡查）、科技研发（大气专项、总理基金）等的保障支出。由于各措施成本难以统计，故采用经验法，即将"大气十条"实施总费用的 1.5%作为能力建设投入。

4.2.1.3 健康效益分析思路方法

大气环境质量改善引起的健康效益是"大气十条"实施成效的重要内容。目前，我国大气环境质量整体还处于对人体健康有损害的阶段，因此，大气环境质量改善的健康效益依据各年度之间大气环境污染损失减少量进行核算，即当年大气环境质量改善的健康效益通过上年大气环境质量的健康损失减去当年大气环境质量的健康损失进行核算，如果结果为正，说明大气环境质量改善了；如果结果为负，说明大气环境质量没有改善。

开展人体健康效益核算的地区主要是地级以上城市，主要将 $PM_{2.5}$（排除掉气象因素影响后的浓度值）作为大气污染因子进行人体健康影响评价。健康效益核算的方法有人力资本法和支付意愿法。

4.2.1.4 其他效益分析思路方法

大气环境质量改善除了给人体健康带来效益外，对农作物、室外建筑材料、清洁方面也将带来好处。大气环境质量改善引起的其他效益主要由农业作物减少损失、室外建筑材料减少损失和清洁成本减少损失等 3 个部分组成。

4.2.1.5 公众幸福感效益价值估算的思路方法

众所周知，大气环境质量改善可增加公众的幸福感，这种幸福感也可转化为货币。为量化"大气十条"带来的空气质量改善的幸福感收益的价值，本报告基于已有文献提出一个假设的概念模型来刻画大气污染的污染水平（OAPL）、风险感知水平（PR）与自述幸福感（SWB）之间的复杂关系。

假设公众个体由于大气污染导致的自述幸福感的下降可以通过提升收入来补偿，即在自述幸福感上大气污染物浓度的下降与收入水平的提升存在替代关系，那么通过计算二者对于自述幸福感的边际替代率即可量化大气污染物浓度改变带来的幸福感损益的货币化价值（WINC）。问卷调查中并未直接询问受访者收入的数值，而是通过将收入水平划分为不同的区间后让受访者选择适合其家庭月收入水平的区间来获取收入水平，即WINC 是一个分类变量而非实际的货币价值，因此需要结合不同 WINC 组对应的实际收入将收入增加比例折算为货币价值。

4.2.2　费用核算结果

核算结果表明，2013—2017 年，京津冀对"大气十条"的 7 项措施实施的费用共计为 2 344.4 亿元。其中，产业结构与布局调整的费用支出为 216.6 亿元，能源清洁利用的费用 499.1 亿元，主要工业污染治理费用为 872.1 亿元，锅炉改造治理费用为 271.8 亿元，大气面源污染治理费用为 159.6 亿元，机动车污染治理费用为 291.3 亿元，监管与科技能力建设费用为 34.9 亿元（表 4-7）。

表 4-7　京津冀对"大气十条"实施的费用情况　　　　　单位：亿元

措施\省份	产业结构与布局调整	能源清洁利用	工业污染治理	锅炉改造治理	面源污染治理	机动车污染治理	能力建设	总计
北　京	3.6	6.4	281.7	11.6	37.5	120.5	7.0	468.3
天　津	31.7	87.2	166.6	132.9	30.4	62.2	7.7	518.7
河　北	181.3	405.5	423.8	126.3	91.7	108.6	20.2	1 357.4
京津冀	216.6	499.1	872.1	270.8	159.6	291.3	34.9	2 344.4

"大气十条"实施 5 年间，京津冀的实施点费用逐年增加，2013—2017 年分别为 126.0 亿元、372.8 亿元、390.4 亿元、462.5 亿元、992.6 亿元（表 4-8）。

表 4-8　分年度"大气十条"实施的费用情况　　　　　单位：亿元

省　市	2013 年	2014 年	2015 年	2016 年	2017 年	五年合计
北　京	51.1	84.7	55.4	112.4	164.6	468.2
天　津	13.8	57.2	93.1	91.0	263.6	518.7
河　北	61.1	230.9	241.9	259.1	564.4	1 357.4
京津冀	126.0	372.8	390.4	462.5	992.6	2 344.3

4.2.3　健康效益及其他效益核算结果

按照人力资本法计算的健康效益为 268.8 亿元，按照支付意愿法计算的健康效益为

3 663 亿元。

大气环境质量改善除了给人体健康带来效益外，对农作物、建筑材料、清洁费用方面也将带来益处。2013—2017 年，大气环境质量改善带来的其他效益为 77.2 亿元，其中农业减少的损失、建筑物减少的损失和清洁减少的损失分别为 55.8 亿元、0 亿元和 21.4 亿元（表 4-9、表 4-10）。

表 4-9 京津冀大气环境质量改善效益 单位：亿元

省份	人力资本法					支付意愿法				
	总效益	健康效益	农业损失效益	建筑材料损失效益	清洁减少效益	总效益	健康效益	农业损失效益	建筑材料损失效益	清洁减少效益
北京	64.4	64.4	0	0	0	578.2	578.2	0	0	0
天津	101.2	90.9	1.2	0	9.1	871.4	861.1	1.2	0	9.1
河北	180.4	113.5	54.6	0	12.3	2 290.6	2 223.7	54.6	0	12.3
京津冀	346.0	268.8	55.8	0	21.4	3 740.2	3 663	55.8	0	21.4

表 4-10 京津冀分年度大气环境质量改善健康效益 单位：亿元

方法	健康效益（人力资本法）					健康效益（支付意愿法）				
年份	2014	2015	2016	2017	小计	2014	2015	2016	2017	小计
北京	−12	−3	2	78	64.4	−123	−33	16	718	578.2
天津	15	11	−1	66	90.9	137	106	−12	630	861.1
河北	27	25	2	59	113.5	479	472	48	1 225	2 223.7
京津冀	30	33	3	203	268.8	493	545	52	2 573	3 663

4.2.4 群众幸福感效益估算结果

结合线性关系和 2013—2017 年各省城镇居民人均可支配收入数据[①]外推得到了 2013—2017 年京津冀 3 省（市）全人群 $PM_{2.5}$ 年均质量浓度降低 1 $\mu g/m^3$ 带来的人均幸福感收益的货币价值，结果如表 4-11 所示。

表 4-11 2013—2017 年京津冀全人群 $PM_{2.5}$ 质量浓度降低 1 $\mu g/m^3$ 的人均幸福感收益价值 单位：亿元

省份	2013 年	2014 年	2015 年	2016 年	2017 年
北京	711	764	821	879	879
天津	506	539	573	613	613
河北	416	442	468	496	496

---

① 考虑数据可得性，假设 2017 年城镇居民人居可支配收入保持 2016 年的水平不变。

表 4-12 展示了京津冀 3 省（市）2014—2017 年各个年份相较于前一年新增的 $PM_{2.5}$ 归因幸福感收益的货币价值。

表 4-12　2014—2017 年京津冀历年新增 $PM_{2.5}$ 归因幸福感收益的货币价值　　单位：亿元

省份	2014 年	2015 年	2016 年	2017 年	合计
北京	101	−1 394	−924	4 866	2 648
天津	215	48	−615	2 804	2 453
河北	1 534	1 705	−500	5 302	8 041
京津冀	1 850	359	−2 039	12 972	13 142

4.2.5　小结

本报告对"大气十条"实施的成本评估得比较全面。相对而言，"大气十条"实施效益评估，由于数据原因，评估范围比较有限。从评估结果看，京津冀 2013—2017 年"大气十条"实施的总费用为 2 344 亿元；按照人力资本法计算死亡经济损失的大气环境质量改善效益为 269 亿元；按照支付意愿法计算死亡经济损失的大气环境质量改善效益为 3 663 亿元；"大气十条"在提升京津冀居民幸福感方面取得了显著的成效，2014—2017 年新增幸福感收益为 13 142 亿元（表 4-13）。按支付意愿法计算，京津冀"大气十条"实施的效益/费用的比约为 1.56。

表 4-13　各省实施"大气十条"的费用与效益　　单位：亿元

省份	费用	人力资本法—健康效益	支付意愿法—健康效益	幸福感效益
北京	468	64	578	2 648
天津	519	91	861	2 453
河北	1 357	114	2 224	8 041
京津冀	2 344	269	3 663	13 142

4.3　京津冀《蓝天行动》费用效益分析预评估

打赢蓝天保卫战，是党的十九大作出的重大决策部署，事关满足人民群众日益增长的美好生活需要，事关全面建成小康社会，事关经济高质量发展和美丽中国建设。为加快改善环境空气质量，打赢蓝天保卫战，国务院于 2018 年 6 月印发了《蓝天行动》。

《蓝天行动》需要中央、地方乃至企业和民众投入大量资金，科学评估《蓝天行动》的费用与效益可以为政府后期制定相应的措施政策提供政策制定与改进的建议。本报告综合考虑了政策实施的费用、环境改善效益、健康效益和其他效益、社会经济影响等，对京津冀《蓝天行动》费用效益进行了预评估。

4.3.1 费用效益分析思路与方法

4.3.1.1 总体思路

（1）政策分类

以《蓝天行动》实施的政策措施为对象，通过对京津冀实施《蓝天行动》有关政策措施的梳理整合，主要从产业结构调整优化、能源结构调整、交通运输结构调整、扬尘治理、工业污染治理、监测和监控体系建设等6个方面进行评估。具体政策措施如表4-14所示。

表4-14 《蓝天行动》实施的政策措施分类

一级政策措施	二级政策措施
1. 产业结构调整优化	淘汰落后产能
	"散乱污"企业升级改造
2. 能源结构调整	"双替代"
	淘汰燃煤小锅炉
	淘汰燃煤小火电机组
3. 交通运输结构调整	运输结构调整
	老旧车淘汰
	新能源汽车推广
	油品质量升级
	提高排放标准
	添加油品清净剂
	柴油货车深度治理改造
	岸电建设
4. 扬尘治理	施工扬尘监管
	道路扬尘整治
	秸秆禁烧
5. 工业污染治理	重点行业污染治理
	工业窑炉专项治理
	挥发性有机物专项治理
6. 监测和监控体系建设	空气质量监测
	VOCs排放重点源自动监控体系建设
	科技支撑
	执法督察

（2）费用效益范围

《蓝天行动》实施的费用效益分析，主要包括费用、效益、经济社会影响 3 个部分。

费用包括：《蓝天行动》实施的 6 个方面措施的相关费用，既有政府的投入，也有企业和公众的投入，从全社会整个系统的角度来考虑。

效益包括：《蓝天行动》实施的环境改善效益（如主要污染物减排、环境质量改善）、碳协同减排效益、健康效益和其他效益等（农业损失减少的效益、建筑损失减少的效益、清洁费用减少的效益）。

经济社会影响包括：《蓝天行动》各措施实施对 GDP、税收、居民收入以及就业的净影响。

（3）研究范围

时间范围为 2018—2020 年，基础年为 2018 年。由于大气污染治理投入有些是固定资产，一些效益是长期效益，在计算费用效益时还考虑了不同固定资产的折旧和效益的折现，都统一到 2018—2020 年范围之中。

空间范围包括京津冀及周边地区。

具体研究时利用京津冀 2018—2019 年秋冬季大气污染综合治理攻坚行动方案，先算出来 2018—2019 年的费用效益，然后推算 3 年。

4.3.1.2　费用测算思路

（1）产业结构调整优化

产业结构调整优化措施的费用主要包含用于淘汰落后产能、压减过剩产能的政府补助费用，"散乱污"企业的升级改造所需的投入以及重污染企业搬迁所需的投入等。由于数据缺失，本项测算中不包括污染企业搬迁的费用。核算以钢铁、煤电、水泥以及焦炭等 4 个主要大气污染排放行业为主。"散乱污"企业升级改造成本主要包括该企业加装或改造大气污染治理设施所需增加的投资和运行费用。截至目前，我国开展"散乱污"企业清理和整治的地区主要集中在京津冀及周边"2+26"城市。

（2）能源结构调整

《蓝天行动》中提出加快调整能源结构，构建清洁、低碳、高效能源体系，具体包括有效推进京津冀区域清洁取暖、京津冀继续实施煤炭消费总量控制和开展燃煤锅炉综合整治等，这部分费用主要计算民用散煤清洁能源替代（"双替代"）、淘汰燃煤小锅炉和淘汰燃煤小火电机组 3 项内容。民用散煤清洁能源替代主要包括煤改电和煤改气两部分内容。

（3）交通运输结构调整

《蓝天行动》中交通运输结构调整主要包括优化调整货物运输结构、加快车船结构升级、加快油品质量升级、强化移动源污染防治 4 个方面。本报告将选择可计算的具体措施进行此部分计算，主要包括运输结构调整、老旧车淘汰、新能源汽车推广、油品质量升级、提高排放标准（国六）、添加油品清净剂、柴油货车深度治理改造、岸电建设等 8 个方面。交通运输结构调整主要有公交车、出租车、客运车辆、货运车结构调整，铁路货运、海运、空运结构调整，轨道交通建设，自行车道建设等措施，由于数据缺失，成本难以量化，不纳入计算。老旧车淘汰费用主要是车辆残值损失（以补贴成本作为替代），新能源汽车推广费用主要是推广补贴成本。

（4）扬尘治理

《蓝天行动》中提出的面源污染治理，主要包括严格施工扬尘监管，加强道路扬尘综合整治、提高道路机械化清扫率，加强秸秆禁烧管控、提高秸秆综合利用，针对以上内容测算主要大气污染物减排量及费用。

（5）工业污染治理

工业污染治理包括重点行业污染治理、工业窑炉专项治理和挥发性有机物专项治理等措施。重点行业污染治理升级改造，具体包括电力行业超低排放及达标排放改造，钢铁行业超低排放改造，水泥行业提标改造，以及电力行业、建材行业、有色金属冶炼行业和燃煤锅炉无组织排放的治理。工业窑炉专项治理主要测算工业窑炉取缔淘汰污染物减排量及有色金属冶炼行业窑炉升级改造、建材行业窑炉升级改造形成的费用成本。工业源 VOCs 污染整治的费用主要包括石化行业 VOCs 达标排放治理以及化工、工业涂装、包装印刷和其他（电子、制鞋、纺织印染、木材加工等）行业 VOCs 综合治理的投入。

（6）监测和监控体系建设

从空气质量监测、VOCs 排放重点源自动监控体系建设、科技支撑、执法督查 4 个方面来进行监测与监控体系建设部分的计算。

4.3.1.3　环境改善效益测算思路

（1）污染物减排量测算思路

对应费用的测算思路，减排量的测算包括产业结构调整优化的减排量，能源结构调整的减排量、交通运输结构调整的排量、扬尘治理的减排量和工业污染治理的减排量等。调整优化产业结构的减排量包括淘汰落后产能、压减过剩产能的减排量和"散乱污"治理的减排量等。调整能源结构包括民用散煤清洁能源替代（"双替代"）、淘汰燃煤小锅炉和淘汰燃煤小火电机组 3 项内容。交通运输结构调整包括运输结构调整、老旧车淘汰、新能源汽车推广、油品质量升级、提高排放标准等。扬尘治理包括道路扬尘、施工扬尘和秸秆禁烧等。工业污染治理包括重点行业污染治理、工业窑炉专项治理、挥发性有机物专项治理等。

（2）环境质量改善测算思路与方法

采用第三代空气质量模型进行环境质量改善效益估算。美国 EPA 的 Model 3/CMAQ

模式是美国国家环保局（EPA）极力推广使用的空气质量模式系统，该模式系统的设计思想是基于一个大气的理念即"One atmosphere"，在一个大气中考虑复杂的空气污染情况，如对流层的 O_3、PM、毒化物、酸沉降及能见度等问题的综合处理。此外，CMAQ 亦设计为多层次网格模式。多层次网格即是将模拟的区域分成大小不同的网格范围来分别模拟计算，空间尺度从区域到城市，包含所有可表达的大气物理、化学现象。

CMAQ 模式基本组成包括边界条件处理器 BCON、初始条件处理器 ICON、光解速率处理器 JPROC、气象-污染交互模块 MCIP 及化学传输主模块 CCTM。其中，MCIP 模块主要功能是从 WRF 模式中提取风压温湿及网格等基本气象要素信息。CMAQ 模式需要的输入数据包括满足模型格式要求的排放清单、三维气象场。本报告根据清华大学 MEIC 清单及京津冀区域相关年份环境统计数据建立的污染物排放清单进行测算；三维气象场由 WRF 模式提供，通过气象-化学预处理模块 MCIP 转化为 CMAQ 模式所需格式（图 4-18）。

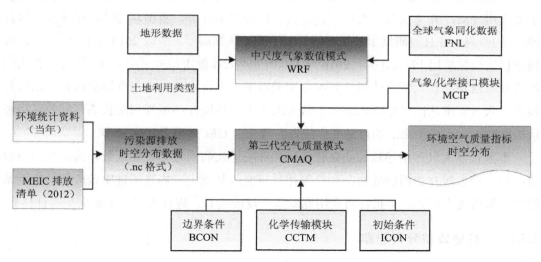

图 4-18　CMAQ 空气质量数值模拟系统计算流程

4.3.1.4　碳协同减排效益分析思路方法

大气环境质量改善引起的碳协同减排效益是《蓝天行动》实施预计成效的重要内容。本报告以每项政策措施为分析对象，通过每项措施设定的实施目标（依据京津冀 2018—2019 年秋冬季大气污染综合治理攻坚行动方案），如预计淘汰多少产能、预计"电代煤""气代煤"实现多少户数、预计锅炉改造多少蒸吨、预计老旧车和黄标车淘汰多少辆以及新能源汽车推广多少辆等，从中推算出具体的二氧化碳减排量，即为蓝天行动计划带来的碳协同减排量。考虑到《蓝天行动》实施政策措施的具体细节及数据可得性，重点对政策措施实施中因数据允许可量化的碳协同减排效益进行了计算。主要从产业结构调整优化、能源结构调整、交通运输结构调整等 3 个方面，在京津冀层面评估碳协同减排效益。

4.3.1.5　健康效益及其他效益分析思路

大气环境质量改善引起的健康效益是判断大气环境污染治理成效的重要手段。目前，我国大气环境质量整体还处于对人体健康等方面有环境退化损失的阶段，因此，大气环境质量改善的健康效益通过大气环境污染损失减少量进行核算。大气环境退化损失核算是进行大气环境质量改善健康效益核算的基础。当年大气环境质量改善的环境效益通过上年大气环境质量下的环境退化损失减去当年大气环境质量下的环境退化损失进行测算。如果结果为正，说明大气环境质量改善了，并有一定的环境效益；如果结果为负，说明大气环境质量没有改善，环境退化损失程度加剧。

本报告核算的地区主要是地级以上城市，在大气污染导致的人体健康效益核算时，主要采用 $PM_{2.5}$ 作为大气污染因子进行人体健康影响评价。我国从 2014 年才开始进行 $PM_{2.5}$ 的监测，并且监测城市数量有限，无法满足核算需要，所以 2014 年和 2015 年人体健康损失核算采用 PM_{10} 计算，2016 年和 2017 年人体健康损失采用 $PM_{2.5}$ 计算。在大气污染导致过早死亡人数价值量核算时分别采用了人力资本法和支付意愿法两种方法进行核算，人力资本法的过早死亡成本参数来源于生态环境部环境规划院长期开展的环境经济核算数据，支付意愿法的过早死亡成本参数来自 OECD 报告（2012 年）。

本报告以大气污染导致的心血管疾病和呼吸道疾病的过早死亡人数作为大气污染健康结局。於方等在美国癌症协会和徐肇翊等研究的基础上，构建了健康效应与污染物浓度的对数线性方程式。本报告将利用此暴露—反应关系，进行大气污染健康损害评估。

4.3.1.6　其他效益分析思路

大气环境质量改善除了给人体健康带来效益外，对农作物、室外建筑材料、清洁方面也将带来好处。大气环境质量改善引起的其他效益主要包括农业作物减少损失、室外建筑材料减少损失和清洁成本减少损失等 3 个部分组成。

4.3.1.7　经济社会影响分析思路

《蓝天行动》实施的经济社会影响分析是指《蓝天行动》各项措施在实施过程中对宏观经济、产业结构、税收以及就业等方面产生的直接和间接的影响。本报告中主要将淘汰和压减产能、环保投入及运行费用作为测算对象，主要通过构建的环境经济投入产出模型来计算。

4.3.2　费用核算结果

京津冀区域《蓝天行动》的 5 项措施实施的费用共计 3 342.4 亿元。其中，预计产业结构调整优化的费用支出为 79.8 亿元、能源结构调整的费用支出为 1 727.0 亿元、交通运输结构调整的费用支出为 415.8 亿元、扬尘治理的费用支出为 69.9 亿元、工业污染治理的费用支出为 1 049.9 亿元（表 4-15）。

表 4-15　京津冀及周边地区《蓝天行动》实施的费用汇总

一级政策措施	二级政策措施	二级措施费用/亿元	一级措施费用/亿元
1. 产业结构调整优化	淘汰落后产能	67.5	79.8
	"散乱污"企业升级改造	12.3	
2. 能源结构调整	"双替代"	1 710.5	1 727.0
	淘汰燃煤小锅炉	7.5	
	淘汰燃煤小火电机组	9.0	
3. 交通运输结构调整	运输结构调整	177.2	415.8
	淘汰老旧车	29.9	
	推广新能源汽车	13.1	
	油品升级	133.0	
	提高排放标准	62.6	
4. 扬尘治理	施工扬尘监管	27.3	69.9
	道路扬尘整治	20.4	
	秸秆禁烧	22.2	
5. 工业污染治理	重点行业污染治理	448.0	1 049.9
	工业窑炉专项治理	343.0	
	挥发性有机物专项治理	258.9	
合计		3 342.4	

4.3.3　环境改善效益分析核算结果

4.3.3.1　污染物减排量测算

在京津冀及周边地区，通过产业结构调整优化、能源结构调整、交通运输结构调整、扬尘治理、工业污染治理等措施，预计 2018—2020 年三年间，SO_2 减排量为 67.25 万 t，NO_x 减排量为 86.05 万 t，PM 减排量为 110.03 万 t，VOCs 减排量为 84.78 万 t，分别占全国总减排量的 38.6%、30.9%、37.2% 和 22.4%（表 4-16）。

表 4-16 《蓝天行动》实施的主要污染物减排量评估 单位：万 t

地区	SO₂	NOₓ	PM	VOCs
京津冀及周边地区	67.25	86.05	110.03	84.78

4.3.3.2 环境质量改善测算结果

在实施《蓝天行动》的产业结构调整优化、能源结构调整、交通运输结构调整、扬尘治理、工业污染治理、监测和监控体系建设等措施后，预计到 2020 年京津冀 $PM_{2.5}$ 质量浓度下降 20 μg/m³，达到 48 μg/m³。

《蓝天行动》的空气质量目标为"$PM_{2.5}$ 未达标地级及以上城市浓度比 2015 年下降 18% 以上"。据估计，2020 年全国 $PM_{2.5}$ 质量浓度相比 2015 年下降 38.0%，京津冀及周边地区下降 42.9%，均达到规划目标（表 4-17）。

表 4-17 实施《蓝天行动》的空气质量改善评估

地区	$PM_{2.5}$ 质量浓度/（μg/m³）				相比 2017 年改善值	2020 年浓度估计值	2020 年相比 2015 年下降比例/%
	2013 年*	2015 年	2017 年	2018 年			
京津冀及周边地区	117	84	68	60	20	48	42.9

* 2013 年、2015 年京津冀及周边地区 $PM_{2.5}$ 年均质量浓度根据区域内有监测数据的城市的年均平均值计算得到。

4.3.4 碳协同减排效益核算结果

考虑到《蓝天行动》实施政策措施的具体细节及数据可得性，重点对政策措施实施中因数据允许可量化的碳协同减排效益进行了计算。主要从产业结构调整优化、能源结构调整、交通运输结构调整等 3 个方面，在京津冀评估碳协同减排效益。评估表明，2018—2020 年，京津冀《蓝天行动》的 3 项措施实施的碳协同减排量为 32 081.43 万 t，碳协同减排效益按碳价格估算共计 92.46 亿元，按碳社会成本估算共计 2 723.71 亿元（表 4-18、表 4-19）。

京津冀及周边地区通过产业结构调整优化淘汰和压减产能的碳协同减排量为 18 822.03 万 t；按碳价格估算的碳协同减排效益为 54.25 亿元；按碳社会成本估算的碳协同减排效益为 1 597.99 亿元。无论是按碳价格还是碳社会成本估算的减排效益，京津冀及周边地区钢铁产能的淘汰和压减带来的碳协同减排效益最大，主要是河北省的贡献。其次是京津冀及周边地区水泥产能的淘汰和压减带来的碳协同减排效益。

表 4-18　《蓝天行动》实施的碳协同减排量　　　　　　　　　　单位：万 t

地区	类别	碳协同减排量
产业结构调整优化	电力	772.41
	钢铁	7 771.86
	水泥	6 652.80
	焦炭	3 624.96
	合计	18 822.03
能源结构调整	"双替代"	3 364.44
	淘汰燃煤小锅炉	9 775.50
	合计	13 139.94
交通运输结构调整	淘汰老旧车	22.92
	推广新能源汽车	96.54
	合计	119.46
总计		32 081.43

表 4-19　《蓝天行动》实施的碳协同减排效益　　　　　　　单位：亿元

地区	类别	按碳价格估算	按碳社会成本估算
淘汰落后产能措施	电力	2.23	65.58
	钢铁	22.40	659.83
	水泥	19.17	564.82
	焦炭	10.45	307.76
	合计	54.25	1 597.99
能源结构调整	"双替代"	9.70	285.64
	淘汰燃煤小锅炉	28.17	829.94
	合计	37.87	1 115.58
交通运输结构调整	淘汰老旧车	0.07	1.95
	推广新能源汽车	0.28	8.20
	合计	0.34	10.14
总计		92.46	2 723.7

　　京津冀及周边地区能源结构调整的碳协同减排量为 13 139.94 万 t，按碳价格估算的碳协同减排效益为 37.87 亿元，按碳社会成本估算的碳协同减排效益为 1 115.58 亿元。无论是按碳价格还是碳社会成本估算的减排效益，京津冀及周边地区淘汰燃煤小锅炉带来的碳协同减排效益最大，其次是京津冀及周边地区的燃煤"双替代"。

京津冀及周边地区交通运输结构调整的碳协同减排量为 119.46 万 t，按碳价格估算的碳协同减排效益为 0.34 亿元，按碳社会成本估算的碳协同减排效益为 10.14 亿元。无论是按碳价格还是碳社会成本估算的减排效益，京津冀及周边地区推广新能源汽车带来的碳协同减排效益最大，然后是京津冀及周边地区的淘汰老旧车，占比为 9%。

4.3.5　健康效益及其他效益核算结果

利用 2016 年遥感反演的 $PM_{2.5}$ 浓度数据，把 $PM_{2.5}$ 浓度和暴露人口结合起来进行分析，《蓝天行动》实施的健康效益不仅与空气质量有关，还与不同浓度下的人口密集度有关，人口密集的城市群地区，《蓝天行动》实施的健康效益将会更大。

本报告采用人力资本法和支付意愿法两种价值化核算方法，对《蓝天行动》的环境健康效益进行核算。人力资本法指用人均 GDP 作为统计生命年对 GDP 贡献的价值进行大气污染导致过早死亡人数价值核算的方法。支付意愿法是指通过支付意愿调查，统计出为降低大气污染导致的过早死亡风险而愿意支付的费用。

京津冀区域大气环境质量改善效益最大，为 106.7 亿元，占全国大气环境质量改善效益的 12%，其城市人口占全国城市人口的 7.4%。京津冀及周边地区大气环境质量改善效益见表 4-20。

表 4-20　京津冀及周边地区大气环境质量改善效益　　单位：亿元

省份	人力资本法健康效益	我国支付意愿法健康效益	OECD支付意愿法健康效益	农业损失效益	建筑材料损失效益	清洁减少效益	人力资本法总效益	我国支付意愿法总效益	OECD支付意愿法总效益
北京	35.2	38.6	272.1	0.0	0.0	0.0	35.2	38.6	272.1
天津	25.0	26.2	186.5	0.0	0.0	0.0	25.0	26.2	186.5
河北	33.9	66.3	515.7	8.5	0.0	5.3	47.7	80.1	529.5
山东	67.7	105.0	808.0	18.6	0.0	4.8	91.1	128.4	831.4
河南	49.0	82.8	634.5	5.1	0.0	0.0	54.1	87.9	639.6

4.3.6　经济社会影响分析结果

根据投入产出模型及系数法，在同时考虑了淘汰落后产能、压减过剩产能的负面影响和投资、消费带动经济增长的正面贡献的情况下，模拟表明，《蓝天行动》实施对京津冀及周边地区产生的宏观经济带动作用最为明显，将拉动 GDP 增加 3 213 亿元，增加税收 106 亿元，增加居民收入 332 亿元，新增就业岗位 24 万个（表 4-21）。

表 4-21　《蓝天行动》实施对京津冀及周边地区宏观经济影响的净贡献

区域	GDP/亿元	税收/亿元	居民收入/亿元	就业岗位/万个
京津冀及周边地区	3 213	106	332	24

《蓝天行动》实施期间，淘汰和压减产能将导致京津冀"2+26"城市 GDP 减少 871 亿元，税收减少 142 亿元，居民收入减少 272 亿元，就业岗位减少 2.3 万个（表 4-22）。

表 4-22　淘汰和压减产能对京津冀"2+26"城市宏观经济的影响（负面）

区域	GDP/亿元	税收/亿元	居民收入/亿元	就业岗位/万个
京津冀"2+26"城市	871	142	272	2.3

《蓝天行动》实施对京津冀的宏观经济贡献最大，将带动 GDP 增加 4 084 亿元，增加税收 248 亿元，居民收入增加 604 亿元，新增就业岗位 26.5 万个（表 4-23）。

表 4-23　《蓝天行动》实施对京津冀宏观经济的贡献作用（3 年累计）

区域	投资/消费总额/亿元	GDP/亿元	税收/亿元	居民收入/亿元	就业岗位/万个
京津冀及周边地区	3 275	4 084	248	604	26.5

4.3.7　小结

本报告对《蓝天行动》实施的费用效益进行了比较全面的预评估，但由于时间和数据不足，评估范围比较有限。本研究数据主要来源于《蓝天行动》《京津冀及周边地区 2018—2019 年秋冬季大气污染综合治理攻坚行动方案》，先测算出 1 年的数据再推到 3 年，加上预测的范围限制，所以预测结果具有较大的不确定性。

从评估结果看，2018—2020 年京津冀《蓝天行动》实施的总费用预计为 3 342.4 亿元。按照人力资本法计算死亡经济损失的大气环境质量改善效益为 112.7 亿元；按照我国支付意愿法计算死亡经济损失的大气环境质量改善效益为 290.1 亿元；按照 OECD 支付意愿法计算死亡经济损失的大气环境质量改善效益为 1 204.4 亿元。从碳协同减排看，《蓝天行动》的实施预计可以减少碳排放量 32 081.43 万 t，碳协同减排效益按碳价格估算为 92.5 亿元，按碳社会成本估算为 2 723.7 亿元。京津冀总的费用效益比是 0.51～6.12。

如果在同时考虑了《蓝天行动》淘汰落后产能、压减过剩产能的负面影响和环保投资、消费带动经济增长的正面贡献的情况下，《蓝天行动》实施的 3 年间，对京津冀 GDP、税收、居民收入以及就业岗位的累计净贡献分别为 3 213 亿元、106 亿元、332 亿元和 24 万个。具体的费用效益预评估结果见表 4-24。

表 4-24 京津冀实施《蓝天行动》的费用效益预评估结果

地区	京津冀及周边地区
SO_2 减排量/万 t	67.25
NO_x 减排量/万 t	86.05
PM 减排量/万 t	110.03
VOCs 减排量/万 t	84.78
碳减排量/万 t	32 081.43
2020 年 $PM_{2.5}$ 质量浓度估计值/（$\mu g/m^3$）	48
2020 年 $PM_{2.5}$ 质量浓度相比 2015 年下降率/%	42.9
总费用/亿元	3 342.4
人力资本法健康及其他效益/亿元	112.7
我国支付意愿法健康及其他效益/亿元	290.1
OECD 支付意愿法健康及其他效益/亿元	1 204.4
按碳价格估算碳协同减排效益/亿元	92.5
按碳社会成本估算碳协同减排效益/亿元	2 723.7
总效益/亿元	205.2～3 928.1

第5章　区域大气污染治理成本与投入公平研究

京津冀及周边地区不仅是中国北方经济重心，也是我国大气污染最为严重的区域。实现区域环境治理，构建责任共担的协同机制，需要平衡区域分工过程中的污染治理成本与经济收益。从消费视角分析隐含于省际贸易中的污染治理成本转移，对于全面理解大气污染治理投入及其环境公平具有重要意义。本章通过构建多区域投入产出模型，以大气环境密切依存的京津冀及周边地区为例，对其各省市间省际贸易所带来的主要大气污染物完全治理成本转移进行评估，并与省际贸易导致的经济收益转移进行比较，基于二者关系权衡，揭示了大气环境治理上存在的不公平，可以为京津冀区域大气污染治理投入再分配或横向转移支付提供分析思路。

5.1　研究背景

近年来，我国空气环境质量不容乐观。2015 年，在按照空气质量新标准开展监测的 338 个地级以上城市中，仅有 73 个城市空气质量达标。其中，京津冀及周边地区大气污染问题尤为突出。在 74 个实施空气质量新标准第一阶段监测的地级以上城市中，排名后 15 的城市中有 14 个来自京津冀及周边省市。为改善空气质量，中央政府于 2013 年发布"大气十条"，提出一系列大气污染治理措施，并对污染最严重的京津冀及周边地区制定了实施细则。据估计，落实"大气十条"各项治理措施需要全社会资金投入约 1.75 万亿元。为此，中央财政设立了大气污染防治专项资金用于支持地方政府大气治理，2013—2016 年共计向全国各省（区、市）下达大气专项资金 366 亿元。然而，经济欠发达且污染治理任务重的省份（如河北、河南、山西等）仍然存在大量资金缺口，尤其在我国各地方经济下行的背景下。

建立省际大气污染治理横向补偿机制有利于解决上述资金问题。首先应明确补偿主体和补偿的内在因果关系，即明晰区域内大气污染治理的责任分配。国内外的污染排放责任分配主要包括"生产者责任"和"消费者责任"。"生产者责任"即污染治理由生产商品的区域承担，无论生产的商品在本地消费还是用于外地消费，"消费者责任"即污染治理由消费商品的区域承担，无论是本地商品还是外地商品。目前，我国各区域因资源禀赋和产业分工不同，一些拥有污染密集产业（如火电、钢铁、水泥等）的省份在向其他省份输出产品时在本地排放了大量污染物。例如，河北作为我国主要的钢铁生产省份，在将大部分钢铁销往北京、天津以及其他省份的同时将大气污染留在了本地；山西和内蒙古作为"西电东送"北部通道的重要电力供给基地，为满足京津唐地区的能源消费，在输出电力的同时也在本地排放了大量污染物。可以认为，这些省份作为"生产者"一定程度上承担了北京、天津等"消费者"的大气污染治理的责任。然而，不能忽视的是，"生产者"在贸易过程中同样获得了经济收益。

因此，从消费视角同时研究区域内各方贸易导致的大气污染治理成本转嫁和经济收益转移情况，有利于梳理区域内各方大气污染治理的责任和关系。考虑到京津冀及周边的山西、内蒙古、山东、河南等省份是大气污染最严重的区域，且省际存在密切的大气污染跨界传输和经济产业互补关系，本报告拟选取京津冀及周边地区（以下简称"泛京津冀区域"）作为研究区域，探究区域内各省（市）基于消费视角的大气污染完全治理成本及其导致的环境公平问题，为明确大气污染生态补偿的主体关系和内在补偿机理提供科学依据。

5.2 已有研究进展

作为经济增长的主要驱动力之一，区域间贸易导致的环境影响的责任划分问题引起了学界的广泛关注。长期以来，由于各国的市场环境政策以干预生产者为主，对于生产活动所产生的环境影响大多都被划归给生产者。然而，基于产品的供应链视角考虑，消费者的最终消费驱动对产品生产所带来的环境影响也同样不容忽视。因此，越来越多的学者认为消费者应当对产品生产的环境影响负责。此外，还有学者认为在整个经济活动中，生产者有时同时也是消费者，因此，生产者和消费者都应当承担环境影响。Lenzen等就提出基于贸易双方的贸易增加值来划分贸易中不同生产者和消费者的环境责任。

为有效划分生产者和消费者对环境影响的责任，不少学者针对国内外区域间贸易隐含的大气污染物虚拟转移问题开展研究。Kanemoto等使用Eora多区域投入产出模型分析了1970—2011年全球的贸易隐含碳排放、非碳GHG排放以及其他空气污染物的排放，发现发达国家将大量的气体污染物排放转移到其他国家。Weber和Matthews基于多区域投入产出模型评估美国贸易结构在1997—2004年的变化对美国和主要七大贸易国之间所产生的环境影响（CO_2、SO_2、NO_x）也得出了类似的结论。Zhao等评估了2007年中国进出口贸易和区域间贸易所产生的大气污染物（$PM_{2.5}$、SO_2、NO_x、NMVOC）的转移，Liang等针对我国区域间贸易隐含的汞排放转移进行了评估。结果都显示，东部发达地区大气污染物的虚拟转移主要是在中西部地区之间，由于区域间贸易的存在，东部沿海发达地区的消费所导致的主要碳排放和大气污染物排放被大量转嫁到欠发达地区。

对于贸易带来的经济收益和污染物虚拟转移可能带来的区域经济发展和环境公平性

问题也引起了广泛关注。Prell 基于污染—财富比对全球不同国家的生产者排放开展了研究，发现对于出口额较高的核心贸易国家而言，其财富占全球财富的比例的增速要快于其污染物排放量占全球排放量的比例。Zhao 等对比分析了中国京津冀区域的国际贸易和区域间贸易所带来的经济收益和 SO_2、NO_x、$PM_{2.5}$ 和 NMVOC 等主要大气污染物的虚拟转移情况。在京津冀内部，相比较河北被北京和天津转移的大气污染物，其贸易所收益的增加值要相对小。在此基础上，Wang 等基于 2007 年多区域投入产出模型对我国区域间贸易所导致的 4 类主要污染物（COD、氨氮、SO_2 和 NO_x）所产生的环境损害进行货币化，发现区域间贸易转移的主要污染物造成的环境损害可能抵消中国经济增长的 3.6%。

综上所述，当前研究对区域间贸易导致环境影响责任的划分、贸易带来的经济收益和污染物虚拟转移对比分析均有所涉及。然而，贸易隐含的污染物治理成本的转嫁及其导致的环境不公平在现有的研究中尚考虑不足。因此，有必要从消费者视角来对比泛京津冀区域内贸易导致的大气污染治理成本转嫁及经济收益转移情况，为开展区域间大气治理生态补偿提供思路和定量支持。

5.3　研究方法及数据说明

5.3.1　多区域投入产出模型框架

投入产出模型（input-output model）是基于投入产出表来系统分析一个国家或地区各经济部门之间的技术经济联系的数量经济方法。多区域投入产出模型（multi-region input-output model，MRIO）将经济活动分为多个区域，将产业间和区域间经济联系衔接在一起，刻画经济部门间、区域间的供应链关系以及跨区域最终产品消费与总产出的关系。将多区域投入产出模型与资源环境数据相结合，可以揭示某区域最终产品消费所导致的其他区域资源消耗和污染排放。因此，本研究采用 MRIO 模型核算消费端大气污染治理成本转嫁及经济收益转移的情况。

本研究假设共有 n 个生产部门和 m 个行政区域，r 和 s 分别表示行政区域，i 和 j 分别表示各区域生产部门。根据 MRIO 表的行向平衡关系，有：

$$x_i^r = \sum_s \sum_j z_{ij}^{rs} + \sum_s y_i^{rs} + e_i^r \tag{5-1}$$

式中，x_i^r 表示 r 区域 i 部门的总产出，是一个 $n\times1$ 的列矩阵；z_{ij}^{rs} 表示 r 区域 i 部门的产出中作为中间投入分配给 s 区域 j 部门的部分，是一个 $n\times n$ 的矩阵；y_i^{rs} 表示 r 区域 i 部门的产出中作为最终产品分配给 s 区域的部分，是一个 $n\times m$ 的矩阵。e_i^r 表示 r 区域第

i 部门的出口产品。

令 $a_{ij}^{rs} = z_{ij}^{rs} / x_j^s$ 表示直接消耗系数，则式（5-1）可以写成：

$$x_i^r = \sum_s \sum_j a_{ij}^{rs} x_j^s + \sum_s y_i^{rs} + e_i^r \qquad （5-2）$$

令 $X = (x_i^r)$，$Y = (y_i^{rs})$，$E = (e_i^r)$，那么式（5-2）可以表示为：

$$X = AX + Y + E \qquad （5-3）$$

式（5-3）可以进一步转换为以下形式：

$$X = (I - A)^{-1}(Y + E) \qquad （5-4）$$

国内消费对应的总产出 X^d 和出口国外对应的总产出 X^e 分别表示为：

$$X^d = (I - A)^{-1} Y \qquad （5-5）$$

$$X^e = (I - A)^{-1} E \qquad （5-6）$$

式中，I 为单位矩阵，$(I - A)^{-1}$ 是多区域投入产出模型中中列昂惕夫逆矩阵。令 $L = (I - A)^{-1}$，其元素 l_{ij}^{rs} 表示 s 地区 j 部门为生产一单位的最终产品需要直接和间接消耗 r 地区 i 部门的产品量。

5.3.2　生产端与消费端大气污染完全治理成本与 GDP 核算

令 $F^r = (f_i^r)_{n \times 1}$ 为大气污染产生强度系数，$f_i^r = g_i^r / x_i^r$，表示 r 地区 i 部门每单位总产出的大气污染产生量，t/元。其中，g_i^r 表示 r 地区 i 部门大气污染物产生量。令 $D^r = (d_i^r)_{n \times 1}$ 为增加值系数，$d_i^r = v_i^r / x_i^r$，其中，v_i^r 表示 r 地区 i 部门增加值，那么 d_i^r 表示 r 地区 i 部门每单位总产出的增加值。

将 m 个区域 n 个行业的大气污染产生强度系数、增加值系数、最终产品和出口 4 个列矩阵都转换为对角矩阵：$F' = \text{diag}(F^1, \cdots, F^m)$，$D' = \text{diag}(D^1, \cdots, D^m)$，$Y^{s'} = \text{diag}(Y^s)$，$E^{s'} = \text{diag}(E^s)$。其中 Y^s 表示所有区域和行业的最终产品用于 s 区域的数量；E^s 表示 s 区域所有行业出口的数量。

那么存在

$$P^d = \sum_s F'LY^{s'} \qquad （5-7）$$

$$P^e = \sum_s F'LE^{s'} \qquad （5-8）$$

$$VA = \sum_s D'LY^{s'} \qquad （5-9）$$

$$P = P^d + P^e \qquad （5-10）$$

式中，$P^d = (p_{1ij}^{rs})_{mn \times mn}$，$p_{1ij}^{rs}$ 表示 s 地区 j 部门通过消费商品和服务转移到 r 地区 i 部门的大气污染物产生量；$P^e = (p_{2ij}^{rs})_{mn \times mn}$，$p_{2ij}^{rs}$ 表示 s 地区 j 部门由于出口商品到国外，通过跨区域产业链转移到 r 地区 i 部门的大气污染物产生量；$VA = (va_{ij}^{rs})_{mn \times mn}$，$va_{ij}^{rs}$ 表示 s 地区 j 部门通过消费 r 地区 i 部门的商品而带动其增加值的产生量（也可以认为是将本属于 s 地区的增加值转移到了 r 地区）。

令 $E_{net} = E - E^T$，$VA_{net} = VA - VA^T$，并且去除两个矩阵中的负值，那么矩阵 E_{net} 和 VA_{net} 就分别表示大气污染产生量和增加值的净转移量矩阵。其中，E^T 和 VA^T 分别表示转置矩阵。

5.3.3　区域间贸易隐含的大气污染完全治理成本核算

为了全面反映大气污染治理的成本，本研究提出了"大气污染完全治理成本"概念，即假设某地区将产生的大气污染完全去除掉（理想状况下）所需的治理成本，既包含已经实际发生的大气污染治理成本，又包括将排放到环境中的污染物全部去除所需的虚拟成本。

令 q_γ 表示去除不同类型大气污染物（γ 表征不同大气污染物类型）所需的单位完全治理成本，元/t。则

$$C = \sum_\gamma P_\gamma \times q_\gamma \qquad (5\text{-}11)$$

式中，C 表示 s 区域转移到 r 区域的大气污染完全治理成本，P_γ 表示 s 区域转移到 r 区域的 γ 类大气污染物产生量。

5.3.4　贸易隐含的环境公平指数

本研究构建了 CG 指数用于表征区域间贸易隐含的大气污染完全治理成本与增加值的关系。

$$CG^{rs} = \frac{C^{rs} / \sum_s C^{rs}}{VA^{rs} / \sum_s VA^{rs}} \qquad (5\text{-}12)$$

式中，$C^{rs} / \sum_s C^{rs}$ 表示 r 地区转嫁到 s 地区的大气污染完全治理成本占 r 地区消费端大气污染完全治理成本的比重；$VA^{rs} / \sum_s VA^{rs}$ 表示 r 地区转移到 s 地区的 GDP 占 r 地区消费端 GDP 的比重。如果 CG 指数大于 1，表明 r 地区在与 s 地区开展贸易过程中，付出的经济代价要小于其应承担的大气污染完全治理成本，s 地区受到 r 地区的环境不公平；反之，如果 CG 指数小于 1，则表明 r 地区受到 s 地区的环境不公平。

5.3.5　数据来源

MRIO 表数据。本研究基于国家统计局最新发布的 2012 年各省投入产出表编制了中国 2012 年 31 个省份 42 个部门多区域投入产出表。第一，将原始的 31 个省份 42 个部门

表处理成非竞争型投入产出表，由于仅考虑区域间贸易所产生的影响，所以基于等比例的方法对进口矩阵进行拆分。第二，基于各省投入产出表提供的流入和流出数据，运用最大熵模型和双约束引力模型构建区域间贸易系数矩阵。第三，基于分省进口非竞争型表和区域间贸易系数，采用 Chenery-Moses 模型分块构建初步的区域间贸易矩阵。第四，调整初步 MRIO 表使之与全国 IO 表一致，采用分块进行平衡调整的方法（RAS）进行控制。第五，保留泛京津冀区域内 7 个省（市），将其他 24 个省份合并为"全国其他"，将原表中 42 个部门合并为 30 个部门，如表 5-1 所示。

表 5-1　2012 年 MRIO 表部门分类

序号	部门名称	序号	部门名称
1	农林牧渔产品和服务	16	通用设备
2	煤炭采选产品	17	专用设备
3	石油和天然气开采产品	18	交通运输设备
4	金属矿采选产品	19	电气机械和器材
5	非金属矿和其他矿采选产品	20	通信设备、计算机和其他电子设备
6	食品和烟草	21	仪器仪表
7	纺织品	22	其他制造产品
8	纺织服装鞋帽皮革羽绒及其制品	23	废品废料
9	木材加工品和家具	24	电力、热力的生产和供应业
10	造纸印刷和文教体育用品	25	燃气生产和供应业
11	石油、炼焦产品和核燃料加工品	26	水的生产和供应业
12	化学产品	27	建筑业
13	非金属矿物制品	28	交通运输、仓储和邮政业
14	金属冶炼和压延加工品	29	批发、零售业和住宿、餐饮业
15	金属制品	30	其他服务业

大气污染物清单数据。本研究使用的 2012 年大气污染物清单涵盖 31 个省（区、市）和 30 个行业的 SO_2、NO_x 和烟粉尘的产生量数据[①]。其中，工业行业和交通仓储行业的数据来源于 2012 年的中国环境统计数据库，其包含 147 996 个重点工业污染源和所有 337 个地级城市的各种类型车辆的所有污染物（含 SO_2、NO_x 和烟粉尘）的产排量信息。农业、建筑业、批发零售餐饮住宿和其他服务业的大气污染物产生量数据根据 2012 年《中国能源统计年鉴》中各省（区、市）农业和服务业的 9 种类型能源消耗数据和大气污染物排放因子估算得到。

大气污染物单位治理成本数据。即去除一单位大气污染物所需要的经济成本。从理论上来说，不同行业的大气污染处理技术有很多种（如工业烟气脱硫技术分为湿法、半干法、干法），其单位处理成本存在一定差异。由于缺乏分行业、分地区的平均数据，所

---

① 污染物产生量是指品生产过程中产生的污染物的数量，而经过脱硫、脱硝、除尘等设施取出后，排放到大气中的是污染物排放量。

以本研究使用石膏烟气湿法脱硫技术、选择性催化还原技术以及袋式除尘技术 3 种应用最广泛的污染物去除技术的单位成本作为所有行业 SO_2、NO_x 以及烟粉尘的单位污染去除平均成本，分别为 1 204 元/t、3 461 元/t 和 265 元/t [1]，该参数来源于《中国环境经济核算研究报告 2013》。交通行业大气污染治理成本主要指机动车安装三元催化器的成本[2]，不同车型的安装成本如表 5-2 所示。农业、建筑业、批发零售、餐饮住宿和其他服务业因缺少数据，其成本参照工业。

表 5-2　不同类型机动车大气污染治理平均成本和使用年限

车辆类型	燃油类型		三元催化安装成本/元	平均使用年限/年	年均成本/（元/年）
轻型车	汽油	微型车	4 601.7	8	575.2
		轿车	4 601.7	8	575.2
		其他车	4 715.0	8	589.4
	柴油		7 361.1	10	736.1
中型车	汽油		3 395.2	8	424.4
	柴油		3 734.7	8	466.8
重型车	汽油		4 141.5	10	414.2
	柴油		5 537.2	10	553.7

注：污染治理成本来源于《中国环境经济核算研究报告 2013》研究报告；平均使用年限来源于《常见车辆船舶折旧年限及折旧率参考表》。

5.4　实证分析

5.4.1　研究区概况

泛京津冀区域不仅是中国北方经济重心，也是我国大气污染最为严重的区域。该区域具有以下特征：①区域经济发展差距显著。2015 年，北京、天津人均 GDP 已超过 10 万元，而山西、河南、河北均不足 4 万元。②能源消耗量巨大。2011 年以后，能源消耗超过 17 亿 t 标准煤，占全国能源消耗的 40%以上，且主要以煤炭、石油等化石能源为主。③大气污染排放量大，空气质量差。如图 5-1 所示，2015 年泛京津冀区域 SO_2、NO_x 和烟粉尘排放量分别占全国总排放量的 34.4%、35.1%、38.9%。污染排放量大直接导致空气质量较差，其中北京、天津、河北、河南 $PM_{2.5}$ 年均质量浓度均超过 70 μg/m^3，是我国空气质量标准值的 2 倍，是世界卫生组织基准值的 7 倍以上。④产业结构差异明显。北京、天津第三产业

---

① 上述污染物去除成本既包含设备运行成本，也包含设备投资建设的折旧成本。

② 假设机动车在使用期间不再更换三元催化器等大气污染物净化装置。

产值分别达到 80%、50%，而其他 5 个省份第三产业均不足 40%，其中河北钢铁产值占工业总产值的比重超过 1/4，山西煤炭相关产业的产值占工业总产值的比重则超过 60%。

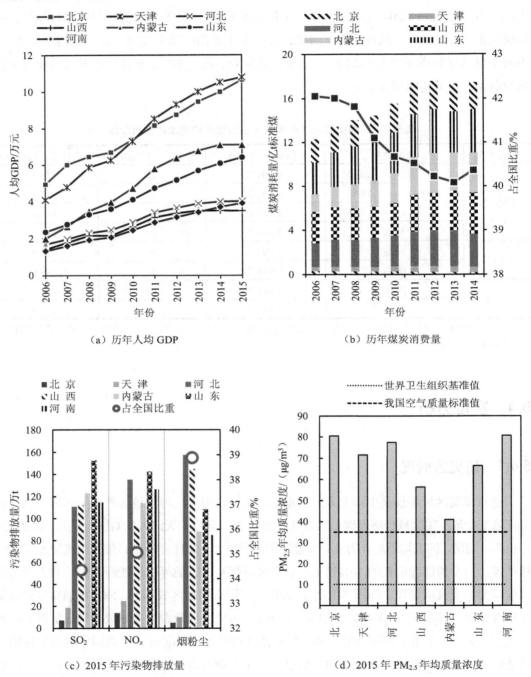

（a）历年人均 GDP （b）历年煤炭消费量

（c）2015 年污染物排放量 （d）2015 年 PM₂.₅ 年均质量浓度

图 5-1 京津冀及周边 7 省（市）经济水平、能源消耗、污染物排放以及环境质量现状

数据来源：《中国统计年鉴》《中国能源统计年鉴》《中国环境统计年报》。

5.4.2　基于生产端和消费端的大气污染完全治理成本分析

2012 年，全国大气污染完全治理成本共为 3 307 亿元，其中泛京津冀区域生产端和消费端核算的大气污染完全治理成本分别为 1 234 亿元和 974 亿元，分别占全国生产端和消费端核算总量的 37% 和 29%，表明区域间贸易导致该区域为全国其他地区额外承担了260 亿元的大气污染完全治理成本。在泛京津冀区域内部，从生产端来看，山西、内蒙古需要承担的大气污染完全治理成本最高，分别是 248 亿元和 247 亿元。从消费端来看，完全治理山东消费导致的大气污染的成本最高（300 亿元），其次是北京、河南、河北、内蒙古，均高于 100 亿元，而天津仅需 45 亿元。将生产端与消费端成本进行比较发现，北京、山东、天津等发达省（市）的消费端成本均高于生产端，两者比值分别为 4.1 倍、1.3 倍和 1.02 倍，这些省份向包括河南、山西、内蒙古、河北在内的全国其他省份分别转嫁了 111.6 亿元、73.7 亿元、1.1 亿元大气污染完全治理成本。另外，内蒙古、山西、河北、河南等能源和重工业密集省份的消费端成本则要小于其生产端成本，两者比值分别为 0.4 倍、0.5 倍、0.6 倍和 0.6 倍，在区域间贸易中承担了包括北京、山东、天津在内的全国其他省份的大气污染完全治理成本 141.3 亿元、134.7 亿元、79.4 亿元、90.8 亿元。

从污染物类型构成来看［图 5-2（a）］。泛京津冀区域内烟粉尘治理所需成本占比最高，其中河南、山西、河北均超过了 60%；北京仅为 36%，而 NO_x 治理成本占比最高，达到了 42%。其原因在于北京现阶段传统工业较少，大气污染治理中以 NO_x 治理为主（如机动车 NO_x 排放治理）。图 5-2（b）比较了泛京津冀各省（市）本地与外地治理成本的分担比例。从生产端来看，将本地治理大气污染的成本分成为本地付出成本和为外省消费承担的成本。其中，内蒙古、山西作为煤炭大省，在"西电东输"过程中，其 64% 和 60%的大气污染完全治理成本用于外输电上；河南、河北作为重化工业大省，在为全国其他省份提供钢铁、水泥、平板玻璃等污染密集产品时，替外省分别承担了 56% 和 49% 的大气污染完全治理成本。从消费端来看，北京和天津本地消费所需的大气污染完全治理成本中 91% 和 44% 分别由其他省份承担。而内蒙古、山西、河北等省份转嫁到其他省份的成本均不超过 20%。图 5-2（c）比较了泛京津冀区域各省（市）大气污染完全治理成本的行业构成。从生产端来看，泛京津冀区域的钢铁、水泥、火电以及平板玻璃等污染密集产品的输出是导致大气污染完全治理成本增加的主要原因。其中，为全国建筑业提供产品所承担的大气污染完全治理成本约占河南、河北、山东总大气治理成本的 45%、35%和 34%。从消费端来看，7 省（市）消费的所有行业的产品中，约有 87% 的大气污染完全治理成本集中于电力、热力的生产与供应业（61%）、非金属矿物制品业（15%）和金属冶炼及压延加工业（11%）3 个行业中，上述行业也是大气污染物的主要来源。

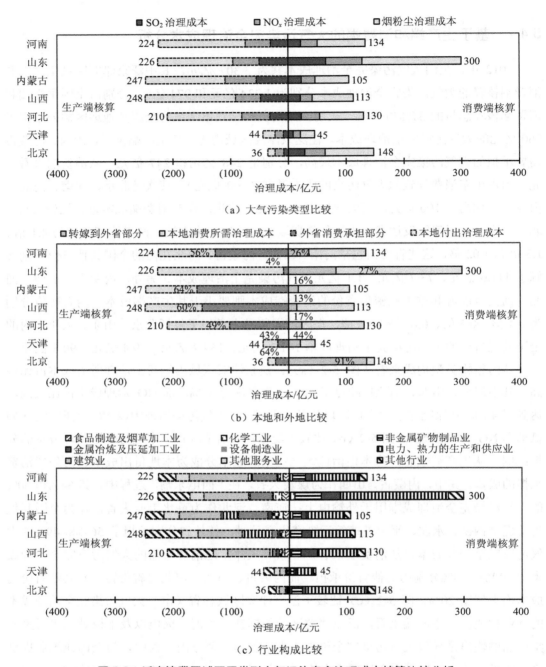

（a）大气污染类型比较

（b）本地和外地比较

（c）行业构成比较

图 5-2　泛京津冀区域不同类型大气污染完全治理成本核算比较分析

注：为了突出行业特征，（c）中将"通用设备、专用设备、交通运输设备制造业、电气机械及器材制造业、通信计算机及其他电子设备制造业、仪器仪表及文化办公用机械制造业、其他制造业"等 7 个行业合并为"设备制造业"。

5.4.3　大气污染完全治理成本净转嫁

　　图 5-3 是泛京津冀区域间贸易导致的大气污染完全治理成本净转嫁和 GDP 净转移示意图。通过区域间贸易，人均 GDP 较低的能源密集型省份（河北、山西和内蒙古）间接为人均 GDP 较高的京津地区承担了大量的大气污染完全治理成本。2012 年，河北、山西和内蒙古 3 省（区）为其他 4 省（市）承担的大气污染治理净成本高达 142.6 亿元，占 7 省（区、市）间总的净转嫁成本的 85%。其中，山西间接为其他省（市）承担的大气污染治理净成本最高（66.9 亿元），约占山西省当年 GDP 增量的 11.82%。内蒙古和河北分别间接承担其他省（区、市）大气污染完全治理成本 50.33 亿元和 33.4 亿元，分别占其当年 GDP 增量的 4.86% 和 1.44%。北京是向区域内其他省（区、市）净转嫁大气污染完全治理成本最多的省（区、市）（113.8 亿元），为满足北京市的消费而产生的大气污染完全治理成本中，约 91% 转嫁其他地区（山西、内蒙古和河北）。另外，形成鲜明对比的是，GDP 净流入最多的是经济最发达的北京，由于其产品附加值更高，通过商品输出从其他 6 省（区、市）获得了 2 487.3 亿元的 GDP，约占区域内所有 GDP 净转移的 34.5%，北京、河北、天津 3 省（市）的 GDP 净流入占区域总量的 77%。然而，山西和内蒙古在区域贸易过程中，虽然承担了约 70% 的大气污染完全治理成本，但只获得了不到 20% 的 GDP 净流入。

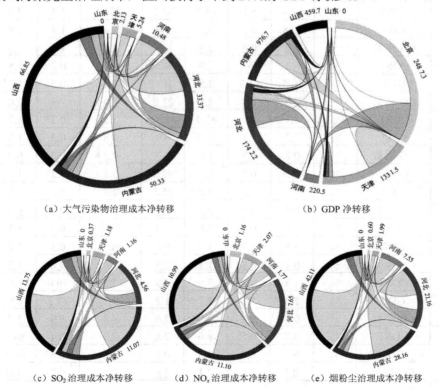

（a）大气污染物治理成本净转移　　　　　（b）GDP 净转移

（c）SO₂ 治理成本净转移　　（d）NOₓ 治理成本净转移　　（e）烟粉尘治理成本净转移

图 5-3　泛京津冀区域 7 省（区、市）间大气污染完全治理成本净转移及 GDP 净转移（单位：亿元）

5.4.4　大气污染治理单位成本的区域间不公平问题

表 5-3 是泛京津冀区域各省（区、市）CG 指数结果，表征省际贸易过程中经济收益与大气污染治理环境成本的关系。可以看出，北京、天津在与其他 5 省（区）贸易过程中具有明显优势，贸易带来的经济收益要明显高于其承担的污染治理成本。CG 指数最大值发生在北京、天津与山西之间，CG 指数分别为 23.7 和 21.5，表明北京和天津与山西的贸易过程中，分别向山西转嫁了 32.2% 和 8.3% 的大气污染完全治理成本，而山西仅得到其 GDP 的 1.4% 和 0.4% 作为经济收益。另外，河北、内蒙古、山东、河南 4 省（区）与山西的 CG 指数也分别高达 6.7、2.5、7.6 和 5.0，表明山西在与其他 6 省（区、市）的贸易过程中受到的环境不公平最严重。同样，内蒙古受到的不公平也十分明显，受到的最严重的环境不公平仍然来源于北京、天津。山西、内蒙古成为区域中受到环境不公平最严重的原因在于这两个省份为其他省市（尤其是北京、天津）输送了清洁的二次能源——电力，但我国由于火电价格的管制，环境治理成本并不能完全内化到电力价格中。

表 5-3　泛京津冀区域各省（区、市）CG 指数比较

省市	指标	单位	北京	天津	河北	山西	内蒙古	山东	河南	合计
北京	COST	%	12.4	5.3	15.2	32.2	25.6	1.4	7.8	100
	GDP	%	79.8	6.4	5.3	1.4	3.1	1.3	2.8	100
	CG 指数	—	0.2	0.8	2.9	23.7	8.2	1.1	2.8	—
天津	COST	%	6.3	66.1	7.0	8.3	7.8	0.7	3.8	100
	GDP	%	10.5	83.7	2.5	0.4	1.1	0.5	1.3	100
	CG 指数	—	0.6	0.8	2.8	21.5	7.0	1.3	3.0	—
河北	COST	%	1.1	0.5	87.4	5.8	3.2	0.3	1.7	100
	GDP	%	7.2	1.1	87.9	0.9	0.8	0.3	1.8	100
	CG 指数	—	0.2	0.5	1.0	6.7	4.2	0.8	0.9	—
山西	COST	%	0.3	0.2	2.8	92.2	3.1	0.2	1.1	100
	GDP	%	5.3	1.1	3.3	85.8	2.3	0.5	1.7	100
	CG 指数	—	0.1	0.2	0.8	1.1	1.3	0.4	0.7	—
内蒙古	COST	%	0.5	0.5	1.8	1.9	93.7	0.2	1.5	100
	GDP	%	4.5	1.7	1.6	0.8	90.0	0.3	1.2	100
	CG 指数	—	0.1	0.3	1.1	2.5	1.0	0.6	1.2	—
山东	COST	%	1.3	0.8	3.5	8.9	5.5	79.0	1.0	100
	GDP	%	5.3	1.5	2.7	1.2	1.1	87.3	0.8	100
	CG 指数	—	0.2	0.5	1.3	7.6	4.8	0.9	1.2	—
河南	COST	%	0.7	0.5	8.0	2.6	3.2	0.4	84.5	100
	GDP	%	6.9	0.9	3.8	0.5	1.2	0.6	86.1	100
	CG 指数	—	0.1	0.6	2.1	5.0	2.8	0.7	1.0	—

表 5-4 表征泛京津冀区域各省（区、市）在区域间贸易中获得单位经济收益所承担的大气污染完全治理成本。山西在区域间贸易获得万元 GDP 收益所承担的治理成本最高，平均为 276.7 元。其中，在与北京、天津贸易中承担的治理成本最高，分别达到 1 051.3 元和 941.1 元，即山西从北京和天津获得的经济收益中约有 1/10 用于治理其带来的额外大气污染；在与河北和山东贸易中需要使用约 1/20 的 GDP 用于治理大气污染。此外，内蒙古在区域间贸易中获得万元 GDP 所承担的大气污染完全治理成本也高达 140.9 元，其中，在与北京、天津、河北、山东贸易所获得的 GDP 收益约有 1/30 用于治理大气污染。北京在贸易中承担的额外治理成本最低，平均仅为 8.8 元/万元，天津平均也仅为 35 元/万元，表明这两个直辖市销售到其他省份的产品均属于高附加值、低污染的产品。另外，从表 6-4 中各省份的交叉值（如北京—北京）可以看出，北京和天津 GDP 增加 1 万元需要增加的大气污染完全治理成本仅为 6.9 元和 34.5 元，而河北、山西、内蒙古由于区域自身重工业和污染密集产业占比较大，GDP 增加 1 万元需要增加的大气污染完全治理成本分别高达 78.1 元、193.9 元和 112.4 元。

表 5-4　泛京津冀区域间万元 GDP 收益需承担大气污染完全治理成本　　　　单位：元/万元

省市	基于消费核算							平均成本
	北京	天津	河北	山西	内蒙古	山东	河南	
北京	6.9	26.5	11.9	10.6	12.5	16.6	6.7	8.8
天津	37.1	34.5	35.9	37.1	29.9	36.1	35.5	35.0
河北	128.0	122.1	78.1	153.1	118.8	86.9	131.9	86.2
山西	1 051.3	941.1	528.8	193.9	271.9	509.3	311.9	276.7
内蒙古	364.7	308.2	331.0	242.5	112.4	322.7	172.8	149.9
山东	48.4	57.7	59.0	74.2	62.4	60.9	42.8	60.8
河南	123.9	130.4	74.0	120.8	127.7	82.0	61.5	65.6

5.5　小结

在泛京津冀区域内，北京、天津以及山东等发达省（市）通过购买山西、内蒙古、河北、河南的污染密集型产品，将本该属于自身的大气污染完全治理成本转嫁到能源富集的落后省份。特别地，内蒙古、山西在"西电东输"过程中将超过 60% 的大气污染完全治理成本用于外输电上；河南、河北在为其他省份提供钢铁、水泥、平板玻璃等污染密集产品时，也为其他省份承担了 56% 和 49% 的大气污染完全治理成本。对于北京地区的产品消费所需的大气污染完全治理成本，北京自己仅承担了 9%，而剩下的 91% 由其他省份承担。然而，由于自身产业优势，北京、天津两个发达城市在将高附加值的电子、汽车、信息技术等产品销售到其他省份的过程中，获得了整个区域 53%的 GDP 净流入，山西和内蒙古虽承担了约 70%的大气污染完全治理成本，但只获得了不到 20%的 GDP 净流入。可以发现，北京、天津在与其他 5 省（区）贸易过程中占据了优势地位，河北、山西、内蒙古则在整个区域处于劣势，遭受了环境不公平对待，山西遭受的环境不公平最为严重。

短期来看，应建立和完善泛京津冀区域基于大气污染完全治理成本的横向转移支付和补偿机制。基于本研究 CG 指数和万元 GDP 收益的治理成本核算结果，尝试建立省际、行业间明确的"定向补偿机制"，如北京对山西的火电大气污染治理的定向转移等。另外，可以成立泛京津冀区域的环境保护基金，由北京、天津、山东等发达省份注入资金，并引导社会资本，为山西、内蒙古、河南、河北等省份的大气污染治理提供资金保障。可尝试建立泛京津冀区域的大气污染排污权交易市场，实现发达省（市）对欠发达省（市）的经济补偿。中期来看，改进我国当前能源和产品的价格机制，积极推进并加快落实石油、天然气、电力等领域的价格改革，构建反映市场供求、资源稀缺程度、体现自然环境价值的定价机制。长期来看，应切实转变泛京津冀区域的产业结构和能源结构。中央政府以及北京、天津要协助其他省份切实调整粗放的产业结构，积极发展战略新兴产业以及服务业，真正推动泛京津冀区域协同发展。同时要完善清洁能源结构，在减少火电的同时大力发展风电、光伏发电，适度发展核电，破解整个区域由于煤炭消耗引起的大气污染问题。

第 6 章　区域生态环境管控一体化战略对策

近年来，京津冀区域生态环境质量得到显著改善，制度政策得到进一步完善。但与中央的要求、群众的期盼相比还有明显差距，特别是在体制机制方面还需要进一步深化改革。基于实地调研、部门座谈、科学研究，从创新体制机制与政策制度出发，提出以下建议。

6.1　强化区域生态环境协同治理的政治责任

（1）旗帜鲜明讲政治，牢固树立"四个意识"

以习近平同志为核心的党中央，为京津冀协同发展擘画了清晰的愿景方向和实践蓝图，明确到 2020 年生态环境质量得到有效改善，到 2030 年生态环境质量总体良好。要从政治上思考和谋划京津冀区域生态环境保护工作，努力做自觉践行习近平总书记生态文明思想的表率，把总书记系列重要讲话精神和治国理政新理念、新思想、新战略落实为加强生态环境保护的路线图和施工图，坚决贯彻党中央、国务院决策部署，坚决把生态文明建设摆在全局工作的突出地位，打破"自家一亩三分地"的思维定式，打破行政区划限制，坚持区域统筹、流域统筹、陆海统筹、城乡统筹、环境与发展统筹，形成三地"互相帮衬""互相提携""一损俱损、一荣俱荣"的生态环境管理新模式，全方位、全地域、全过程开展区域生态环境保护。

（2）牢固树立新发展理念，正确处理好发展与保护的关系

习近平总书记指出，绿水青山就是金山银山，保护环境就是保护生产力，改善环境就是发展生产力。在京津冀协同发展进程中，必须平衡和处理好发展与保护的关系，关键是要改变生态环境保护影响经济发展的单向思维，扭转发展的传统惯性模式，增强转型的决心和勇气，处理好"长痛"和"短痛"的关系。要下决心解决产业、能源、交通、城市建设等问题，能为地区拓展新的发展空间，提升经济质量和城市群的竞争力。全面推动能源战略性转型，积极推进能源供给侧结构性改革，科学规划能源资源开发布局，进一步提高新能源和可再生能源比重。积极优化生态环境与城市发展的关系，继续加大工作力度。把生态文明理念更好融入新型城镇化进程，深化生态环境领域"放管服"改

革，既优化服务又严格把关，切实推进绿色发展。把发展的基点放到创新上来，塑造更多依靠创新驱动、更多发挥先发优势的引领型发展，形成绿色发展方式和生活方式，实现经济效益、社会效益和生态效益共赢。

（3）健全环境社会共治体系，抓好责任落实落地

生态环境保护能否落到实处，层层压实责任、传导压力至关重要。尤其是要抓住领导干部这个关键少数，强化生态环境保护主体责任，抓紧建立生态环境保护责任清单，强化抓发展必须抓环保、管行业必须管环保的"一岗双责"意识，重塑区域内各级党委、政府及领导干部的发展观、政绩观、治理观，加快形成政府、企业、公众共治的生态环境治理体系。近几年内，在京津冀区域必须继续坚定不移做好中央环保督察和区域强化督查，继续加大监督检查力度，对督查发现的问题，移交地方政府限期解决并向社会公开，定期开展巡查"回头看"。敢于动真碰硬，实行最严格的考核问责制度，对工作不力、推进缓慢的地方开展约谈，严肃严厉追责问责，打出一套"组合拳"，将压力传导到地方党委和政府及其有关部门，确保环境保护各项部署落地见效，使生态环境保护成为"习惯"和"常态"。

6.2 谋划京津冀区域生态环境协同治理战略思路

京津冀区域生态环境保护必须全面贯彻习近平生态文明思想，打破行政区划限制，以生态环境共建共治为核心，以生态环境空间统筹为抓手，以生态保护红线为硬约束，以最严格的生态环保制度为保障，加强顶层设计，坚持区域统筹、流域统筹、陆海统筹、城乡统筹、环境与发展统筹，形成三地"互相帮衬""互相提携""一损俱损、一荣俱荣"的生态环境管理新模式，坚持高标准、严要求，出"重拳"、用"重典"，用最有效的机制、最管用的政策、最严格的制度、最可行的手段加强生态环境治理，使该地区在更高层次上实现人与自然、环境与经济、人与社会和谐发展。

（1）坚持以生态环境空间优化区域发展格局的战略

尊重自然生态本底，加快完善山、水、林、城、海的城市廊道，完善基于环境功能的分级分区控制体系，引导城市发展空间和产业格局往生态化、集约化转变。

（2）坚持以"三条线"调控区域发展规模的战略

识别、划定和管理资源环境生态"三条线"是维护京津冀区域生态安全的重要保障，是合理确定区域经济活动规模和构建区域产业布局和城镇布局的重要基础，是避免京津冀一体化过程中再犯"大城市病"的重要手段。要耦合京津冀区域自然和行政边界，确定水资源和环境承载能力，划定生态保护红线，以资源环境承载力和生态保护红线来调控城市人口和经济发展规模。

（3）坚持以环境质量提升区域发展品质的战略

继续加强环境污染区域联防联控，从大区域到中区域、小区域，到网格化空间，切实改善大气环境质量、水环境质量，引导城市发展品质往公平共享、适应公众需求和诉求转变，以良好的环境品质提升京津冀区域综合竞争力。

（4）坚持以机制政策创新协调区域生产矛盾关系的战略

利用改革开放 40 周年的契机，继续大胆创新，先行先试，横下一条心，探索区域生态环保一体化的新体制、新机制、新政策、新模式，加快落地实施，打开"死结"、化解"矛盾"，走出一条我国污染最重地区的生态环境保护新路。

6.3　绘制京津冀生态环境协同治理和综合调控路线图

坚持以习近平生态文明思想为指导，彻底打破"自家一亩三分地"的思维定式，平衡和处理好发展与保护的关系，以 2035 年"美丽中国"为最终目标，从管控重点、环境经济协同、环境介质、环境制度、监管能力等多个角度，构建京津冀区域 2025 年、2030 年、2035 年分阶段生态环境协同治理和综合调控路线图（图 6-1）。

图 6-1　京津冀生态环境协同治理和综合调控路线图

到 2025 年，京津冀区域环境质量得到明显改善。环境管控仍然以大气为重点，区域 $PM_{2.5}$ 年均质量浓度在 2020 年基础上下降 25%左右，重污染天气数量大幅减少。另外，水环境和土壤环境也逐步改善。从环境介质来看，初步形成资源与环境的协同管控，包括水资源与水环境的协同管控，逐步注重生态流量；开展大气—碳—煤炭的协同治理和管理；开展土壤与地下水协同治理。从管控手段来看，以政府主导的命令型管控手段仍将是这一阶段的主要措施，但是一些市场、经济手段也逐渐开始推行，如建立区域环保基金、企业环境信用体系、绿色信贷与企业绿色绩效、企业环保信息公开等。从监管能力来看，区域在环保标准、环保执法以及监测方面进一步协同，但考虑到区域发展水平差异，这个阶段还无法实现统一。数据共享水平进一步提升，三地环保监管数据将实现共享。

到 2030 年，区域生态环境质量显著改善。区域大气环境质量得到较大改善，同时，"水十条"和"土十条"中对 2030 年的相关目标指标也促使整个区域的环境管控重点从大气环境逐渐向水环境和土壤环境转变。水、气、土、生态之间的耦合影响机理也得到进一步明晰，随着单独要素管控潜力不断减少，环境管控思维将从单介质向多介质综合管控思维转变。随着生态环境制度的进一步改革优化，进一步推进经济与环境政策的综合制定。各部门统一抓环保自觉意识基本形成。行政区划障碍得到进一步弱化，推动成立跨区域综合管理机构，如流域管理局。将大数据、人工智能、5G 等高技术应用到生态环境监管中，在生态环境大数据平台的基础上，形成京津冀整体的大数据平台及一体化智能监管平台。

到 2035 年，区域环境质量得到根本改善。区域大气环境质量达到国家二级标准。形成以水生态水环境为管控目标的水资源综合管理制度。土壤环境治理和生态系统恢复成为这个阶段的管控重点。区域产业结构不断优化，钢铁、化工、建材等行业基本达到高质量管控水平，形成高质量促进区域高水平保护的格局。另外，多介质协同管控机制基本建立，山水林田湖海草一体化保护机制建立。在政策手段方面，形成以市场手段为主的环境管理措施。区域横向生态补偿机制建立。形成以政府、NGO、公众为主体的社会共治体系。在体制机制方面，三地环保机构合并为京津冀生态环境保护局，对区域实行统一监管，并颁布京津冀环境保护法。另外，在监管方面，凭借人工智能形成基于天地空多源海量数据池为基础的经济环境智慧决策平台，生态环境监管完全迈入自动化、智慧化时代。最终，京津冀区域全面实现环境治理体系与治理能力现代化。

6.4 落实"三线一单"的管控制度要求

资源消耗上线、环境质量底线和生态保护红线这"三线"是《京津冀区域协同发展生态环境保护规划》（以下简称《规划》）的重大创新之一，是中央生态文明制度建设中提出的"生态保护红线制度"第一次在京津冀区域的全面应用。由于京津冀区域是全国水资源最短缺，大气污染、水污染最严重，资源环境与发展矛盾最为尖锐的地区，资源环境问题到了生死存亡的时候了，所以《规划》中，特别强调资源、环境、生态红线的划分和严守，通过量化的指标规定出京津冀不同行政区在资源消耗、环境质量和生态保护上的刚性要求，这对地方政府具有十分强的目标约束作用。

着力加强"三线一单"管控，不断释放"绿色红利"。在前期"三线一单"编制基础上，京津冀三地要加快完成生态保护红线勘界定标，做好编码设计，编制环境准入负面清单并开展具体政策应用，到 2020 年前，基本建立起省—市—县—镇的"三线一单"制度。要加强"三线一单"管控，严守生态保护红线、环境质量底线、资源消耗上线三大红线，建立监控平台，强化生态环境管理。生态保护红线区域内不能承接产业转移和人口转移项目，已有的污染项目和生态破坏项目也应逐步退出，逐步实现污染零排放和生态破坏零发生。加大生态保护红线自然生态系统的保护和恢复力度，恢复和维护区域生态功能，确保生态环境不退化、功能不下降、面积不减少。建立生态保护红线监管平台，严格监控人为活动对生态保护红线的影响。以生态保护红线为骨架，结合已有的生态保护与建设工程，加大湿地恢复和森林质量提升力度，建设区域水源涵养体系、防风固沙体系、生物多样性保护体系、城镇绿廊绿道体系，不断扩大城市绿色空间，使京津冀区域"盛水盆""生态调节池"不断变大。

6.5　深入推进基于环境改善的能源、产业与交通结构调整

一是优化调整能源结构，清洁化利用煤炭资源。解决京津冀区域的大气污染问题，必须加强源头控制，坚持能源消费总量、碳排放总量与污染物排放总量的约束性控制，切实减少能源需求总量。立足全国，增加天然气、外输绿电的供应，加快发展分布式能源、可再生能源，以多样化、科学的能源供给满足合理的能源消费需求。煤炭使用方面坚持减量化和清洁化原则，通过集中供热和清洁能源替代，坚决淘汰分散燃煤锅炉，加强散煤治理和煤炭质量管理，建设洁净煤供应网络。

二是严格区域环境准入，从经济结构的源头减少碳排放和减轻大气污染问题。按照京津冀主体功能区划要求，整体优化区域产业空间布局；制定符合京津冀区域功能定位的区域一体化产业准入目录，严控"两高"行业新增产能；制定不符合京津冀功能定位的高污染行业调整、生产工艺和设备退出指导目录，加快区域统一淘汰落后产能；通过建立过剩产能退出的一体化机制、统一提高排污收费标准、跨地区企业兼并重组、协同监督检查等措施，整合压缩京津冀区域过剩产能；提升京津冀区域高技术制造业份额，推动区域产业转型升级。针对京津冀区域高度集中的钢铁产能，提高钢铁行业准入门槛，加大政策执行力度，提高钢铁企业的违法成本；制定合理的产业政策，引导钢企产业升级，提升钢产品的附加值；增强钢企创新能力，构建科技支撑体系；优化京津冀钢铁产业布局与运输能力。统一严格排放标准，全面提升末端治理技术和管理水平，协同治理京津冀区域工业大气污染。

三是推进区域交通运输结构调整，优"路"、洁"油"、控"车"同步发展，协同防治机动车污染。加快"公转铁"建设，加强港口对国家"公转铁"政策的宣传，充分利用好

铁路运价下浮的政策，积极申报铁路运输"一口价"优惠政策。尽快推进曹妃甸等港口的升级改造，对"矿三""实业"专用线的建设，尽快开工建设，尽快投产，从而为实现曹妃甸等港口"公转铁"转型打下基础。加强装卸车的组织，加强不良天气装车盯控，组织各港口公司合署办公，加强路企合作与路地之间的合作，提升铁路建设与通道能力。

6.6 细化污染防治攻坚战的目标、重点任务和措施

（1）狠抓《规划》落实

《规划》就推进污染治理和生态建设提出了具体任务和措施。例如，在大气污染防治方面，针对重点行业，提出过剩和落后产能硬性压减，统一京津冀区域六大行业（火电、钢铁、石化、水泥、有色、化工）特别排放限值；针对机动车污染，提出统一燃油品质，京津冀全范围内供应国五标准的油品。在水污染治理方面，落实"全防全控"理念，实施陆海统筹、地表地下水协同控制、跨界水污染防治等。在生态环境监管能力建设方面，提出建立区域一体化的生态环境监测网络、信息网络和应急体系。

（2）坚决打好污染防治攻坚战

要以改善环境质量为核心，以解决大气、水、土壤污染等突出问题为重点，全面打好污染防治攻坚战，加快推进生态保护修复，为人民群众创造良好生产生活环境，以实际成效取信于民。坚决打赢蓝天保卫战，将高排放柴油货车治理作为重中之重，切实加强环境监管执法；提高扬尘控制精细化水平，提升城市道路"冲、扫、洗、收"新工艺作业覆盖率；开展新一轮"散乱污"企业及集群综合整治行动；促进石化行业挥发性有机物治理。深入推进能源消费清洁化，到 2020 年，基本实现平原地区"无煤化"，并向浅山区延伸。坚决打好碧水攻坚战，深入实施"河长制"，全面消除黑臭水体，实施新修订的《中华人民共和国水污染防治法》。开展水资源消耗总量和强度双控，增加再生水利用量。严格保护饮用水，完善饮用水水源地水质监测预警机制。加强污水治理和再生水利用，继续推进污水收集处理设施建设，推进海绵城市建设。2020 年，京津冀区域地级以上城市集中式饮用水水源水质达到或优于III类比例高于 97.5%；重要江河湖泊水功能区达标率达到 73%；农村地区污水得到有效治理。坚决打好净土持久战，全面实施《土壤污染防治行动计划》，突出重点区域、行业和污染物，有效管控农用地和城市建设用地土壤环境风险，完成农用地土壤污染状况详查，全面开展重点行业企业土壤污染状况调查，2020 年前，完成重点行业企业用地土壤环境调查与评价；实施农用地土壤环境分类管理。完善污染地块联动监管机制，强化环境风险管控，保障人居环境安全。

（3）加强精细化、科学化管理

强化规划引领、规范指导、标准支撑，创新京津冀区域生态环境管理模式。坚持问

题导向，结合京津冀区域不同特点，推进污染治理科学化，形成研判—决策—实施—评估—优化的精细化应急决策体系。推进城市智能精细化管理，建设智慧京津冀，完善网格化管理，进一步提高京津冀区域污染应对的精细化水平，解决深层次环境问题。

6.7　深化区域协同发展的体制机制和政策制度创新

众所周知，京津冀协同发展的最主要障碍在于 3 个省（市）的行政区划导致的生态环境管理的"各自为政"局面。事实已经证明，京津冀区域生态环境是一体的，需要协同控制和治理，空气质量是这样，如北京 $PM_{2.5}$ 中外部来源占 30%左右；河系水质也是这样，需要上下游协同治理，生态保护更是如此。因此，如何打破"行政区制约"是京津冀协同发展生态环境保护的关键也是难点，这就需要从体制机制改革和创新上着手。

（1）建立完善区域生态环境保护的协作机制

在京津冀协同发展领导小组协调下共同推进区域生态环境保护工作，建立区域性环保机构、跨区域联合监察执法机制、水资源统一调配制度等，使得京津冀区域在开展生态环境保护时，能够做到统一领导，互相监督，协商共济。

（2）加快推进区域性环保立法

尽快制定区域生态环境保护条例，防止各地"按下葫芦又起瓢"。完善区域环保标准，实现区域内各地环保标准的衔接，体现区域责任公平；健全生态环境责任清单和领导干部政绩考核体系，加快落实京津冀开展编制自然资源资产负债表和领导干部自然资产离任审计试点；建立资源环境承载能力监测预警机制等。

（3）深化市场经济政策创新

加快设立京津冀区域生态环境保护基金，解决生态建设与环境保护的资金不足问题；健全京津冀区域生态保护补偿机制，切实解决区域间发展与保护协调和利益不平衡问题；探索建立跨区域的排污权交易市场，在京津冀探索以整个区域为单元，运用市场的力量实现区域污染治理的成本最优，优化资源配置。加强资源型产品价格和税费改革、社会共治、生态文明先行示范区建设等。

（4）进一步提升环境监管一体化水平

突破地域行政边界，对流域、区域内生态环境监测与监管设施、污染治理设施、环境修复设施等统一规划、统一布局，全面推进环境基础设施共建共享，逐步调整区域间不均衡状态。整合区域生态环境监测力量，对京津冀区域环境监测实施统一规划、统一布局、统一监测标准、统一技术体系、统一环境信息发布。

参考文献

[1] Chan C，Yao X. Air pollution in mega cities in China[J]. Atmospheric Environment，2008，42（1）：1-42.

[2] Pui D Y H，Chen S C，Zuo Z. $PM_{2.5}$，in China：Measurements，sources，visibility and health effects，and mitigation[J]. Particuology，2014，13（2）：1-26.

[3] Van D A，Martin R V，Brauer M，et al. Global estimates of ambient fine particulate matter concentrations from satellite-based aerosol optical depth：development and application[J]. Environmental Health Perspectives，2010，118（6）：847.

[4] Wang L T，Wei Z，Yang J，et al. The 2013 severe haze over the southern Hebei，China：model evaluation，source apportionment，and policy implications[J]. Atmospheric Chemistry & Physics Discussions，2014，13（11）：28395-28451.

[5] 薛文博，付飞，王金南，等. 中国 $PM_{2.5}$ 跨区域传输特征数值模拟研究[J]. 中国环境科学，2014，34（6）：1361-1368.

[6] 周扬胜，刘宪，张国宁，等. 从改革的视野探讨京津冀大气污染联合防治新对策[J]. 环境保护，2015，43（13）：35-37.

[7] P. Kågeson. Control techniques and strategies for regional air pollution from the transport sector the European case[J]. Water，Air & Soil Pollution，1995，85（1）：225-236.

[8] Rive N. Climate policy in Western Europe and avoided costs of air pollution control[J]. Economic Modelling，2010，27（1）：103-115.

[9] Liu J，Diamond J. Revolutionizing China's Environmental Protection[J]. Science，2008，319（5859）：37-38.

[10] Zhang Q，He K，Huo H. Policy：Cleaning China's air[J]. Nature，2012，484（7393）：161.

[11] 叶林. 新区域主义的兴起与发展：一个综述[J]. 公共行政评论，2010，3（3）：175-189.

[12] 罗冬林. 区域大气污染地方政府合作网络治理机制研究[D]. 南昌：南昌大学，2015.

[13] 谢宝剑，陈瑞莲. 国家治理视野下的大气污染区域联动防治体系研究——以京津冀为例[J].中国行政管理，2014（9）：6-10.

[14] Ashby E，Anderson M. The politics of clean air[M]. Clarendon Press，Oxford University Press，1981：105.

[15] Gormley W T. Intergovernmental Conflict on Environmental Policy：The Attitudinal Connection[J]. Western Political Quarterly，1987，40（2）：285-303.

[16] 姜玲，乔亚丽. 区域大气污染合作治理政府间责任分担机制研究——以京津冀区域为例[J]. 中国行政管理，2016（6）：47-51.

[17] 王健，鲍静，刘小康，等. "复合行政"的提出——解决当代中国区域经济一体化与行政区划冲突的新思路[J]. 中国行政管理，2004（3）：44-48.

[18] 薛俭，谢婉林，李常敏. 京津冀大气污染治理省际合作博弈模型[J]. 系统工程理论与实践，2014（3）：810-816.

[19] 赵新峰，袁宗威. 京津冀区域政府间大气污染治理政策协调问题研究[J]. 中国行政管理，2014（11）：18-23.

[20] 李雪松，孙博文. 大气污染治理的经济属性及政策演进：一个分析框架[J]. 改革，2014（4）：17-25.

[21] 张永安，郇龙. 政策梳理视角下我国大气污染治理特点及政策完善方向探析[J]. 环境保护，2015，43（5）：48-50.

[22] 王金南，宁淼，孙亚梅. 区域大气污染联防联控的理论与方法分析[J]. 环境与可持续发展，2012（5）：5-10.

[23] 中华人民共和国国务院. 国务院发布《大气污染防治行动计划》十条措施. [2013-09-12]. http://www.gov.cn/jrzg/2013-09/12/content_2486918.htm.

[24] 蔡秀锦. 我国区域大气污染联防联控法律制度研究[D]. 苏州：苏州大学，2014.

[25] 杨骞，王弘儒，刘华军. 区域大气污染联防联控是否取得了预期效果？——来自山东省会城市群的经验证据[J]. 城市与环境研究，2016（4）：3-21.

[26] 黄萃，任弢，张剑. 政策文献量化研究：公共政策研究的新方向[J]. 公共管理学报，2015（2）：158-15.

[27] Meijers E，Stead D. Policy Integration：What does it Mean and How it be Achieved？ A Multi-Disciplinary Review[C]//Berlin：Berlin Conference on the Human Dimensions of Global Environmental Change：Greening of Policies-Interlinkages and Policy Integration，2004：1-5.

[28] 叶选挺，李明华. 中国产业政策差异的文献量化研究——以半导体照明产业为例[J]. 公共管理学报，2015（2）：159-16.

[29] 彭纪生，仲为国，孙文祥. 政策测量，政策协同演变与经济绩效：基于创新政策的实证研究[J]. 管理世界，2008（9）：25-36.

[30] Mulford C L，Rogers D L. Definitions and Models[M]. Ames：Iowa State University Press，1982.

[31] 张剑，黄萃，叶选挺，等. 中国公共政策扩散的文献量化研究——以科技成果转化政策为例[J]. 中国软科学，2016（2）：145-155.

[32] 戚涛，高健，李静，等. 民用散煤燃烧排放颗粒物微观特征[J]. 环境工程学报，2017，11（7）：4133-4139.

[33] GRIESHOP AP，MARSHALL JD，KANDLIKAR M. Health and climate benefits of cookstove replacement options[J]. Energy Policy，2011（39）：7350-7542.

[34] 支国瑞，杨俊超，张涛，等. 我国北方农村生活燃煤情况调查、排放估算及政策启示[J]. 环境科学研究，2015，28（8）：1179-1185.

[35] 赵文慧，徐谦，李令军，等.北京平原区城乡接合部燃煤散烧及污染物排放量估算[J]. 环境科学研究，2015（6）：859-867.

[36] LU Z，STREETS D.C，ZHANG Q，et al. Sulfur dioxide emissions in China and sulfur trends in East Asia since 2000[J]. Atmospheric Chemistry and Physics，2010（10）：6311-6331

[37] 清华大学建筑节能研究中心. 中国建筑节能年度发展研究报告 2016[M]. 北京：中国建筑工业出版社，2016：54.

[38] Health Effects Institute. GBD MAPS，Burden of Disease Attributable to Coa-Burning and Other Major Sources of Air Pollution in China[R].2016：4.

[39] 王跃思，张军科，王莉莉，等. 京津冀区域大气霾污染研究意义、现状及展望[J]. 地球科学进展，2014，29（3）：388-396.

[40] 闫祯，陈潇君. 我国"十三五"能源与环境协同发展策略研究[J]. 环境与可持续发展，2017，42（2）：31-35.

[41] LI X，ZHANG Q，ZHANG Y，et al. Source Contributions of Urban $PM_{2.5}$ in the Beijing-Tianjin-Hebei Region：Changes between 2006 and 2013 and relative impacts of emissions and meteorology[J]. Atmospheric Environment，2015（123）：229-239.

[42] 陈仁杰，陈秉衡，阚海东. 我国 113 个城市大气颗粒物污染的健康经济学评价[J]. 中国环境科学，2010（3）：410-415.

[43] GEORGOPOULOS P G，WANG S W，VYAS V M，et al. A source-to-dose population exposure assessment of population exposures to fine pm and ozone in Philadelphia，PA，during a summer 1999 episode[J]. Journal of Exposure Analysis and Environment Epidemiology，2005，15（5）：439-457.

[44] STRAND M，VEDAL S，RODES C，et al.Estimating effects of ambient $PM_{2.5}$exposure on health using $PM_{2.5}$component measurements and regression calibration[J]. Journal of Exposure Analysis and Environmental Epidemiology，2006，16（1）：30-38.

[45] GUO Y，JIA Y，PAN X，et al.The association between fine particulate air pollution and hospital emergency room visits for cardio-vascular diseases in Beijing，China[J]. Science of the Total Environment，2009，407（17）：4826-4830.

[46] GUO Y，BARNETT A G，ZHANG Y，et al. The short-term effect of air pollution on cardiovascular mortality in Tianjin，China：comparison of time series and case-crossover analyses[J]. Science of the Total Environment，2010，409（2）：300-306.

[47] KAN H D，LONDON S J，CHEN，G H，et al. Differentiating the effects of fine and coarse particles on daily mortality in Shanghai，China[J]. Environment International，2007，33（3）：376-384.

[48] 阚海东，陈秉衡. 我国大气颗粒物暴露与人群健康效应的关系[J]. 环境与健康，2002，19（6）：422-424.

[49] 黄德生，张世秋.京津冀区域控制 $PM_{2.5}$ 污染的健康效益评估[J]. 中国环境科学，2013，33（1）：166-174.

[50] World Health Organization. Air quality guidelines for particulate matter，ozone，nitrogen dioxide and sulfur dioxide[R]//Global Update 2005. Summary of risk assessment. Switzerland：World Health Organization，2006.

[51] DOCKERY D W，POPE C A，XU X，et al. An association between air pollution and mortality in six US cities [J]. New England Journal of Medicine，1993，329（24）：1753-1759.

[52] POPE C A，BURNETT R T，THUN M J，et al.Lung cancer, cardiopulmonary mortality，and long-term exposure to fine particulate air pollution [J]. Journal of American Medical Association，2002，287（9）：1132-1141.

[53] 钱孝琳，阚海东，宋伟民，等. 大气细颗粒物污染与居民每日死亡关系的 Meta 分析[J]. 环境与健康杂志，2005（4）：246-248.

[54] 李沛，辛金元，王跃思，等. 北京市大气颗粒物污染对人群死亡率的影响研究[J]. 中国气象学会，2012，5（1）：2-11.

[55] 谢鹏，刘晓云，刘兆荣，等. 我国人群大气颗粒物污染暴露-反应关系研究[J]. 中国环境科学，2009，29（10）：1034-1040.

[56] 刘晓云，谢鹏，刘兆荣，等. 珠江三角洲可吸入颗粒物污染急性健康效应的经济损失评价[J]. 北京大学学报：自然科学版，2010，46（5）：829-834.

[57] 国家卫生和计划生育委员会. 中国卫生与计划生育统计年鉴 2016[M]. 北京：中国协和医科大学出版社，2016.

[58] 高婷，李国星，胥美美，等. 基于支付意愿的大气 $PM_{2.5}$ 健康经济学损失评价[J]. 环境与健康杂志，2015（8）：697-700.

[59] VIDCUSI W K，MAGAT W A，HUBER J. Pricing environmental health risks：survey assessments of risk-risk and risk-dollar trade-offs for chronic bronchitis [J]. Journal of Environmental Economics and Management，1991，21（1）：32-51.

[60] 章永洁，蒋建云，叶建东，等. 京津冀农村生活能源消费分析及燃煤减量与替代对策建议[J]. 中国能源，2014，36（7）：39-43.

[61] WANG H，MULLAHY J. Willingness to pay for reducing fatal risk by improving air quality：a contingent valuation study in Chongqing [J]. China Sci Total Environ，2006，367（1）：50-57.

[62] HAMMITT J K，YING Z. The economic value of air-pollution-related health risks in China：a contingent valuation study [J].Environmental & Resource Economics，2006，33：399-423.

[63] 曾贤刚，蒋妍. 空气污染健康损失中统计生命价值评估研究[J]. 中国环境科学，2010，30（2）：

284-288.

[64] 谢旭轩. 健康的价值：环境效益评估策略与城市空气污染制约对策[D]. 北京：北京大学，2011.

[65] 陈娟，李巍，程红光，等. 北京市大气污染减排潜力及居民健康效益评估[J]. 环境科学研究，2015，28（7）：1114-1121.

[66] HOFFMANN S，MACULLOCH B，BATZ M. Economic burden of major foodborne illnesses acquired in the United States[R/OL].EIB-140，U.S.：Department of Agriculture，Economic Research Service，May 2015. [2017-9-14] http：//www.ers.usda.gov/media/1837791/eib140.pdf.

[67] 陈己宸. 北京某地区农村"煤改电"项目的成本管理研究[D]. 北京：华北电力大学（北京），2017.

[68] 张伟，蒋洪强，王金南. 京津冀协同发展的生态环境保护战略研究[J]. 中国环境管理，2017，9（3）：41-45.

[69] 贾绍凤. 决战水治理：从"水十条"到"河长制"[J]. 中国经济报告，2017（1）：36-38.

[70] 邱彦昭，王东，杨兰琴，等. 京津冀三地水资源协同保护现状及对策建议[J].人民长江，2018，49（11）：24-28.

[71] 牛桂敏，郭珉媛，杨志. 建立水污染联防联控机制促进京津冀水环境协同治理[J]. 环境保护，2019，47（2）：64-67.

[72] 薛程，解文静. 京津冀省际边界河流水行政联合执法机制建立[J]. 中国水利，2019（15）：68.

[73] 底志欣. 京津冀协同发展中流域生态共治研究[D]. 北京：中国社会科学院研究生院，2017.

[74] 祁巧玲. "十三五"生态环境保护工作如何推进？——解读《"十三五"生态环境保护规划》[J]. 中国生态文明，2016（6）：46-49.

[75] 田雪乔. 保卫蓝天守望幸福[J]. 国家电网，2018（11）：26-27.

[76] 江亿，杨旭东，等. 中国建筑节能年度发展研究报告2016[M]. 北京：中国建筑工业出版社，2016：54-55。

[77] GBD MAPS 工作组. 燃煤和其他主要大气污染源所致的中国疾病负担[R]. 美国：健康影响研究所（HEI），2016：4-5.

[78] 李沛，辛金元，王跃思，等. 北京市大气颗粒物污染对人群死亡率的影响研究[J]. 中国气象学会，2012，5（1）：2-11.

[79] World Health Organization. Air quality guidelines for particulate matter，ozone，nitrogen dioxide and sulfur dioxide[R]//Global Update 2005. Summary of risk assessment. Switzerland：World Health Orgainzation，2006.